什么样的坚持一文不值？

请停止无效努力！

石兵 著

山東文藝出版社

图书在版编目（CIP）数据

什么样的坚持一文不值？/ 石兵著 . —济南：山东文艺出版社，2017.10

ISBN 978-7-5329-5571-8

I. ①什… Ⅱ . ①石… Ⅲ . ①成功心理 – 通俗读物 Ⅳ . ① B848.4-49

中国版本图书馆 CIP 数据核字（2017）第 210862 号

什么样的坚持一文不值?

石　兵　著

主管部门　山东出版传媒股份有限公司
出版发行　山东文艺出版社
社　　址　山东省济南市英雄山路 189 号
邮　　编　250002
网　　址　www.sdwypress.com

读者服务　0531—82098776（总编室）
　　　　　　0531—82098775（市场营销部）
电子邮箱　sdwy@sdpress.com.cn

印　　刷　北京嘉业印刷厂
开　　本　880 毫米 ×1230 毫米　1/32
印　　张　9
字　　数　195 千
版　　次　2017 年 10 月第 1 版
印　　次　2017 年 10 月第 1 次印刷
书　　号　ISBN 978-7-5329-5571-8
定　　价　38.00 元

前言

坚持，究竟是一种美德，还是一种桎梏？选对了方向的坚持会让人生熠熠生辉，选错了方向的坚持则会将人生推入冰冷逼仄的死胡同。每个人都渴望成功，渴望实现人生价值，但现实情况却是很多人倒在了坚持的道路上，那么，怎样才能让坚持变得更有意义呢？这取决于一个人是否走在正确的道路上，取决于一个人是否拥有面对错误及时改正的自省与智慧。

这不是一本传统意义上的励志书籍，书中的故事更贴近生活与现实，更注重心灵与生命本身，它将成功与财富等关系进行了更深刻的解析，力图对一个人坚持自己理想的结果与意义进行更深层次的探讨，为生命价值烙上个性印记。本书选取的100余篇文章均有其独特的视角，值得读者一读再读，并在反复的阅读中得到独特的体验。相信在阅读本书的过程中，大多数读者都会产生共鸣，得到一些领悟。

本书选取的100余篇文章，既有成功人士不为人知的曲折经历，又有普通人都会遇到的职场故事，还有成功企业脱颖而出的经营智慧，以及各界人士亲身经历的处世经典；内容涉及古今中外各行各业，文字通俗易懂，情节引人入胜，均为作者近年来在国内各大报刊发表的作品，在读者群体中已产生较大影响。本书力求通过引人入胜的故事与点石成金的智慧，让每一名读者都能了解到什么才是真正有意义的坚持，什么才是必须咬紧牙关勇敢面对的坚持，什么才是面对无意义的坚持时的正确做法。希望读者通过阅读本书，在生活或是职场中多一些领悟和体会，少一些迷茫与彷徨，真正实现自己人生的价值。

CONTENTS 目录

第一章 不是所有坚持都正确，胜负的关键在于选对方向

被拉下神坛的诺基亚 / 003
方向错了，再努力也没有用 / 009
我是唱歌最好的主持人 / 016
炸死关羽的“三颗雷” / 019
错误的坚持，产生人生负价值 / 023
东施效颦注定失败 / 026
霸王项羽究竟输给了谁 / 029
官渡之战：一手好牌打成了烂结局 / 033
方法不对，努力也没用 / 038
不知变通，刻舟也求不了剑 / 042
是谁杀死了吕布 / 045
自我欺骗的最高境界：掩耳盗铃 / 049
鱼和鱼缸有关系吗？ / 052
淘汰是为了迎接新的开始 / 056
放弃无意义的坚持 / 059
考零分进北大的罗家伦 / 062

目录 CONTENTS

第二章 坚持不意味着因循守旧，与众不同的道路成就与众不同的人生

生日蛋糕上的辞职信 / 067

“恶搞”出来的商机 / 070

“热舞交警”的成功秘诀 / 073

布丁酒店不浪费 / 076

把家具店开到顾客家里 / 079

玩游戏抓罪犯 / 082

请你上“床吧” / 085

流行歌星当总统 / 088

酷酷地去挣钱 / 091

垃圾的无限可能 / 094

流浪汉成为气象先生 / 097

那些“奇葩”办公室 / 100

用诗歌治病的德国人 / 103

做“减法”增加财富 / 106

第三章 选择有意义的坚持，让自己成为人生『不倒翁』

娄师德的处世法则 / 111
鲁智深的“智慧生存” / 114
一扇神奇的玻璃门 / 117
先放下背上的那座山 / 119
别让光芒遮住双眼 / 121
高手善用“折射” / 123
九十分胜过一百分 / 126
老拳王的绝招 / 128
起点不决定终点 / 130
莫在倦时离场 / 132
找到适合自己的人生助力 / 134
小菜单里大商机 / 136
掏心比掏钱难 / 139
时光之河，浇灌优雅之花 / 142
最近之处是天堂 / 145
唯有心怀天地，才能无私 / 149

第四章 坚持也讲智慧，职场中要多给自己的大脑充点值

你不低调，坚持干到死也没用 / 153
害你的，从来不是别人 / 156
厌了？倦了？好巧，我也是 / 160
我的“敌人”成就了我 / 163
比起不明就里的努力，找准定位更重要 / 165
做一颗职场解药 / 167
人只能往上走吗？ / 170
管得那么宽，领导不喜欢 / 173
拼“后台”，一定能成功？ / 175
少说“不知道” / 177
极端的“快进”，除了疲劳什么都得不到 / 179
理直气壮地去求职 / 182
输了口舌，赢了心 / 184
感谢大嘴巴，赐我一颗大心脏 / 186
职场不倒翁：智慧比努力更重要 / 188

CONTENTS 目录

第五章

为人处世，要圆融通达，该坚持的坚持，该舍弃的舍弃

“最昂贵错误”的背后 / 193

埃蒙斯的最后一枪 / 196

郭台铭的多面人生 / 199

默克尔的智慧 / 202

被女友穷养的格斗之王 / 204

善待那些垃圾 / 207

天使带我回人间 / 210

请你带孩子来上班 / 214

每面墙上都有一扇窗 / 217

放下过多的远虑 / 220

追上那个走得慢的人 / 222

追逐白云的人 / 225

“骗出来”的面包王子 / 228

最囧的精明 / 232

走不出阴影就看不到光 / 234

第六章 换种方式去坚持，往往会事半功倍

把医院变成童话城堡 / 239
鲨鱼苗吃掉大鲨鱼 / 243
开拖拉机的总统 / 247
“抱怨”的妙用 / 250
最好的猎手 / 252
推销生命的天使 / 255
宽广的胸怀最细致 / 258
杨绛的至简人生 / 261
吴佩孚的才情与个性 / 263
低谷决定高度 / 266
甘作“斗犬”的大人物 / 269
世界上最美的书店 / 272
清洗海洋的少年 / 275

第一章

不是所有坚持都正确，胜负的关键在于选对方向

不是所有坚持都可贵，坚持的方向错了，前进就是倒退！

一个人能否获得成功是由诸多因素共同决定的，

坚持拼搏只是其中的一个因素，胜负的关键在于是否选对了方向。

被拉下神坛的诺基亚

如今，当所有人都在对一款新推出的苹果手机趋之若鹜时，还有多少人能记起诺基亚这个名字呢？事实上，在 21 世纪之初，诺基亚在手机市场上几乎是神一般的存在，“科技以人为本”的口号更是响彻全球。自从 1996 年以来，诺基亚曾经连续 15 年占据全球手机市场份额第一，2007 年，诺基亚已累计售出 4.4 亿部手机，其市场占有率更是达到了创纪录的 46%，简直可以轻松碾压其他任何手机品牌。

诺基亚的“断崖式跌落”在当时的手机用户看来几乎是不可能的，但现在回过头来看却会发现，它的坠落其实是从它最辉煌的顶点开始的，或许是万众瞩目的光芒让公司高管们有些不可一世，也或许是庞大的销量与远超对手的市场占有率让公司高管有些不思进取，但是有一点毋庸置疑，诺基亚自身故步自封墨守成规的陈旧发展模式才是其失败的根源。这一点，从他们对于竞争对手的轻视态度就能一目了然。

2007 年，伴随着诺基亚走上“神坛”，第一代苹果智能手机也低调面世了。乔布斯在产品发布会上畅想了关于未来智能手机的美好前景，但诺基亚高管们根本没有正眼相看，反而冷嘲热讽地说：“乔布斯先生最好还是先把品牌知名度转化为市场份额，然后再去谈论未来吧。”紧接着，安卓系统智能手机也来了，三星、HTC都因使用了安卓操作系统而在手机市场上声名鹊起。此时，手机触摸屏时代到来的趋势已经不可逆转，但是诺基亚却依然固守着老旧的塞班操作系统。虽然诺基亚声名显赫，是一代人的美好记忆，但市场是残酷而现实的，很快，几乎所有的手机用户都毫不犹豫地选择了更为便捷更加人性化的智能触摸屏手机。

兵败如山倒，诺基亚市场占有率很快就从2007年的46%迅速下降到2011年的25%，被苹果公司和三星公司双双超越。但直到此时，诺基亚公司依然端着“老大”的架子，虽然他们也知道自己确实应当进军智能触屏手机市场了，但却没有选择与经过市场洗礼的拥有成熟安卓系统的谷歌公司合作，而是选择了主业并非智能手机业务的微软公司作为合作伙伴。这次的选择让诺基亚管理层的固执与自大本性一览无余，局外人一眼就能看明白，诺基亚选择操作系统的理由不是看重技术或质量，而是看重是否能成为领导者，这与他们恃宠而骄的“老大”心态十分吻合。在诺基亚管理层看来，选择安卓系统，做得再好也只是谷歌最大的代工厂商而已，说得不好听点就是谷歌的“超级打工仔”，而选择微软，则可以建设另一个手机系统生态圈。但是，与微软合作以来，其手机操作系统的开发进度却远远落后于安卓系统，智能手机软件应用更新缓慢，配置低且售价昂贵，终于，无数铁杆用户失去了对诺基亚的最后一点耐心和幻想。至此，诺基亚的错误坚持已经让它的失败定局无可挽回。

2013 年 9 月 3 日，微软以 71.7 亿美元并购了诺基亚手机部门，辉煌多年的诺基亚手机彻底倒下了，这时，诺基亚的市值已从巅峰期的 3030 亿美元跌至 71.7 亿美元。

2016 年 10 月，曾经带领诺基亚登上巅峰的前 CEO 约玛・奥利拉出版了回忆录《排除万难》，书中记录的一件小事让所有人明白了诺基亚最终没落的原因。

书中记录，2007 年第四季度，诺亚基在全球市场占有率超过 40%，牢牢占据了榜首的位置。正是在这万众欢呼信心爆棚的时刻，多年来默默无闻的苹果公司推出了全球第一款全触屏智能手机 iPhone，当时，奥利拉曾召集 12 名高管开会，询问他们对 iPhone 的看法，其中两人认为 iPhone 不构成严重威胁，另外 10 人觉得不能低估 iPhone。不过，这次谈话却没能让奥利拉带领诺基亚冲出 iPhone 的“包围”。他在书中直言：“即使公司已经意识到了苹果公司带来的威胁，但仍难扭转命运。”

究其原因，奥利拉说：“我们都知道问题所在，但内心深处却无法正视现实。公司的大型计划仍在持续进行，唉，当我们应该关注长远前景时，却只是按部就班检讨了下一季度的销售预测，可以说，正是我们错误的坚持害了自己。”

由于诺基亚的高销量任务和以业绩为中心的管理体制，高层管理者非常担心外部环境的变化会导致他们的季度目标不能实现。尽管他们意识到了自己的手机需要一个比当时的塞班系统更好的操作系统，以此来和苹果竞争，也知道研发需要数年，但却害怕在当时公开承认塞班技不如人，担心会被外部投资者、供应商以及消费者认为是“失败者”，从而被他们抛弃，因此没有人想要对可能出现的坏消息负责任。

在苹果公司，高层都是工程师，而在诺基亚公司，高层把一切只当成是做生意，只用数据来证明谁是英雄谁是狗熊。事实上，苹果公司在软件工程师驱动下一路向前，有着高超的技术作为后盾，而当时的诺基亚高层却没有真正懂软件的人，这也导致诺基亚最终把注意力和资源不成比例地进行了分配，大力投资短期市场，大量制造手机设备希望保持市场占有率，而对从长远来看可以与苹果公司相搏的操作系统开发不够重视，再加上塞班系统操作问题频繁出现，最终引起了用户的反感。

曾几何时，诺基亚也有着十分厉害的研发火力、技术能力和远见，它的专利年收入在 6 亿美元左右，并且由风头正劲的对手苹果、三星支付，但诺基亚最终却没落了。

事实上，诺基亚并非没有机会延续自己的辉煌。2007 年，诺基亚曾率先在全球推出移动互联网，这比苹果早了一年，但是诺基亚的故步自封再次毁了自己。虽然诺基亚已经发现互联网将是未来的大方向，但公司高管却拒绝开放合作，而是试图产业链通吃，不惜花费巨资收购导航软件企业、地图企业，甚至相关的运营网站。这种整条产业链通吃的模式并未增强诺基亚在互联网世界的竞争力，反而因为管理层的技术短板变成了桎梏。在砸了 150 亿美元的巨资后，诺基亚互联网战略宣告失败。无独有偶，其实早在 2004 年，诺基亚内部就开发出了触控技术，甚至是当今火热的 3D 技术。诺基亚拥有着最庞大的研发资源，本该迅速将技术转化为手机战场上的“武器”，但管理层却认为，这块市场还太小，没人会买，反而要花太多成本，得不偿失。后来，直到苹果手机推出一年后，诺基亚才推出第一款触控技术的手机，要知道，这时候诺基亚掌握触控技术已经好几年了。

回顾诺基亚的失败过程，可以发现，诺基亚最大的失败之处就是没有顺应潮流与时俱进，没能真正地去考虑用户的需求和市场运行规律，没有保持自身的活力与创新机制，反而在不断浪费用户对自己品牌的信任度，坚持以为品牌优势可以战胜功能优势与价格优势，这直接导致了诺基亚被市场与用户抛弃。在互联网时代，诺基亚没有及时跟上，这绝不能仅仅归结于运气不够好。

回想一下，当“科技以人为本”变成“科技以换壳为本”，当在讲体验、拼软件的时代依然只想依靠品牌优势获胜，当用低端的配置再加上高昂的价格，且诺基亚坚持这样的策略不动摇，其市值从辉煌期的 3030 亿美元降到如今的不足 100 亿美元便不足为奇了。诺基亚的失败，可以最终归咎于坚持了错误的方向，逐渐丧失了对外部竞争的免疫力，变得越来越脆弱，最终一败涂地。

方向错了，再努力也没有用

1984 年联想成立了，成立不久后，联想推出了一款产品叫作“联想式汉字系统”，当时的电脑是没有汉字的，插上这个汉字系统之后电脑就可以以汉字模式使用。联想凭借汉字系统开始做代理，逐渐积累了资金，同时也懂得了怎么去办企业。在 20 世纪 80 年代，中国正处于计划经济时代，对现代企业的概念刚刚了解，所以联想在做代理的过程中，向外国企业学习到了很多做企业的基本知识。当代理越做越大之后，联想下定决心要做出自己品牌的电脑。

这个决定对联想来说是一个非常重要的转折。其实当时联想继续把代理做大的话，可能会赚很多的钱，但到了 90 年代，这个代理企业就会灭亡。所以当时联想决心去突破，但是突破有着种种困难，最大的就是政策性的困难，在 80 年代，联想要想生产自己品牌的电脑，国家的有关部门不给下批文，当时生产电脑是要有许可证的，这一关把联想卡住了。

但不久联想采用了另一个方法，因为是科学院的企业，联想拿到了几张多次往返香港的通行证，然后联想在香港开了一间生产小作坊。因为在香港是不要许可证的，有了这个作坊之后，联想投入大量财力，生产出了电脑的主机板，后来拿到了拉斯维加斯的电脑展览会上展览的时候，联想作为一个小的“摊位”，说着中国话而且是地道的北京话，被有关部门看中。那时候的联想一年已经可以卖两三千块板，联想就这样拿到了生产批文。

做代理赚了很多钱以后，联想有了树立自己的牌子的想法，当时联想代理的电脑叫作 AST。AST 当时在中国是最大的电脑品牌，但是让联想顾虑的是，如果做自己品牌的话，AST 公司能否让他们继续做代理，这个非常重要。联想也怕一脚踩空，自己的电脑品牌做不起来，那边的代理权也会失去。后来经过很多次的谈判，最后联想继续做 AST 的代理，同时又可以做自己的品牌。

到了 1994 年前后，中国知道了 IP 电脑系统、信息化系统对中国各行各业的重要性，因此把进口批文取消了，随之而来的是电脑进口关税大大降低，国外电脑大批涌入中国。各行各业的信息化建设一夜之间蓬勃发展起来了，但是对于电脑行业而言，无疑是一次打击。当时国产电脑的领头羊“长城”，在 1993 年，仅一年时间就被冲垮了，当时在联想看来，危机既是机遇又是挑战，联想趁此机会做出许多努力，使得品牌可以坚持下来继续发展。在 2000 年的时候做到中国第一品牌，而且遥遥领先于其他的外国公司，2005 年的时候并购了 IBM PC，这在全世界人眼中简直是蛇吞象，完全不可能的情况下联想做到了。并购 IBM PC 的时候，联想电脑的营业额是 30 亿美元，IBM 是 100 亿美元，并购成功之后经过若干的整合，联想在电脑方面的营业额是 480 亿美元，而且这个利润也超过了当年利润的 6—7 倍。富贵确实是险中求，如果没有抓住机遇，没有勇于拥抱变化，联想可能早已不复存在。

2012 年 6 月，经历了完美复出之后再一次选择退居幕后的联想集团董事局名誉主席柳传志接受了一次专访，他意味深长地说了一句话："重要的是把方向弄对，方向错了，再努力也没有用。"

作为全球 CEO 发展大会联合主席和"全球 25 位最有影响力的商界领袖"之一，作为改革开放后第一代企业家的标志性人物，柳传志的所言所行、所思所想，总是备受关注，他将"方向"二字置于如此重要的位置，足以看出他对于把握方向的重视程度。而事实上，柳传志也正是因为紧紧把握住了正确的方向，才一手建立了"联想王国"，也正是因为认清了未来的发展方向，他才能在联想集团出现危机之后再次复出力挽狂澜，让企业回到了正确的道路上。

柳传志在复出之后曾经说："联想集团的目标和方向一直是非常坚定的，就是要成为一个国际性的企业。但是在这个路途上，全球的经济状况发生了重大变化，联想走这条路的时候要调整步伐。"

这就是柳传志的一贯作风，把握好大方向，细节上精益求精，随时做出有效的调整。在他眼里，大方向和小细节是有主次之分的，如果大方向选错了，小细节做得再好也无济于事；大方向选对了，小细节有些瑕疵则还有补过的机会。更为重要的是，柳传志认为，大方向与小细节并不矛盾，两者是互相推动的，大方向把握好了，细碎的工作才能被打上明确的标签，小细节做好了，大方向上行进的速度才会加快，那些点点滴滴的努力才会凸显出价值。

这就是柳传志对于方向的态度，也是他认为的努力与坚持的价值与希望所在，事实上，柳传志的这句话不仅仅适用于一家企业的经营发展，更是可以涵盖生活中的方方面面。

柳传志曾经讲过这样一个故事，他有个同学的女儿刚上小学就被体校看中去练游泳了，在当时那个年代，被体校看中很不容易，是种很高的荣誉。以后的每一年，这个小女孩都要经历一次选拔，每一次成功入选后，同学都要向大伙炫耀一次。这样一直到了四年级，同学说，如果这次还能被选中的话，就能每天补贴一个鸡蛋，还会补点粮票。那个年代物质条件很匮乏，所以朋友的话让大家都很羡慕。后来小女孩经过选拔真的进入了北京游泳队，也给家里补贴到了鸡蛋和粮票，但是这个时候问题也渐渐出现了，她游泳成绩总是上不去，而由于只专注于训练而荒废了学习，她连当教练的能力也没有，最后就被淘汰回家了，一事无成。按理说，小女孩的父母都是工程技术人员，受教育程度很高，小女孩在其他方面的资质也还不错，但最后怎么会是这个结果呢？原因就是她的父母被这个选拔的过程给牵着跑了，一次次通过选拔，拿到补贴的鸡蛋，沉醉在大家的夸奖声中，就糊里糊涂地把这条路当成唯一的正确的路了。

故事中，小细节打败了大方向，小成绩打败了整个人生的规划，这就是典型的把“术”当成了“道”。“术”只是一种技能，是一项细节，是一种短期行为；而“道”则是眼光，是大局观，是战略，没有把握住趋势的变化，没有认准大方向，难免会酿成苦果。试想一下，如果柳传志的这位同学一开始就想清楚什么才是最重要的，然后把不符合这些的东西都帮孩子去掉，孩子就不会稀里糊涂地沉迷在一次次选拔的成功中，而迷失了对于孩子来说最重要的成长方向。

方向错了，再努力也没有用。这个方向是大方向，关乎一个人一生的命运，关乎一个企业的生死存亡，也关乎整个社会的良性发展。那么，我们怎样才能知道哪个方向才是正确的方向呢？

螃蟹身强力壮一味横行却只向着一个错误方向狂奔，纵然只距离河水几米远近，终其一生也找不到赖以生存的水源，只能在无谓的奔跑中将生命消耗殆尽；鱼儿身轻力微却坚持逆流而上，虽然阻力重重但从未退缩，因为它们知道上游的温度、环境和气候更适宜鱼卵发育，知道在形成逆流的汇口处有着丰富的食物并且水的含氧量也较高，更加适合自己生存与繁衍后代，所以才会不惜一切逆流而上。可以看到，螃蟹和鱼儿都是在坚持，也都非常努力，但却因为选择的方向一对一错而得到了截然不同的结果。究其原因，就是因为螃蟹只知找水却不知水在何处，一味向着错误的方向发力，而鱼儿却知道逆流处虽然水急浪大，却有着自己一直寻找的东西。

方向是如此重要，而选择方向则需要智慧与自省。美国波音公司总裁曾说过一句话:“做我们做得最好的。”这句话也可以解释成“做我们最适合的”。试想一下，如果让马儿在天空练习飞翔，如果让鸟儿在水中苦学游泳，如果让鱼儿在陆地上纵情奔跑，纵然它们有着视死如归的决心和一往无前的勇气，最终的结局也只能是徒劳一场而已。

作为一个有思想有理想的现代人，选择一个适合自己的方向再去努力是人生成败的关键，而认准了方向之后，还要有着坚定执着的毅力和随机应变的智慧，可以短暂停留但要坚守内心的方向，可以随物赋形但要恪守处世的准则。因为，在大方向之中还有着无数的小方向，小方向周围还有着无尽的迷雾与诱惑，荆棘与鲜花并存，馅饼与陷阱难辨，每一步方向的选择都是重中之重。

柳传志说:“环境变化了，新的趋势在涌动，你要是还执迷不悟，肯定是行不通的。方向要是没弄对，光努力是不行的。你得想清楚了再干，想好了再说。没把前面的东西想好，投钱下去就是打水漂。”

方向是如此重要，而如何把握住正确的方向则更是一种饱含哲理的智慧，这种智慧其实说起来也很简单，就是要站得远、看得清。要看清方向，就要登高望远，就要站得高；站在高处看风景，还要看得远，远一些才能看到发展的态势，才能从其中捕捉到趋势的变化，不能陷在过程当中，而要跳出来。

柳传志打了一个比喻，在看油画的时候，退到远一些的距离，才能看明白。离得很近，黑和白是什么意思都看不清，退得远点，就能明白黑是为了衬托白，才能知道整幅画的意思。他打这个比喻的目的就是为了时时提醒自己要明白方向，不至于做着做着就糊涂了。

时时提醒自己不要迷失方向，时时审视自己的努力是否有坚持下去的意义，这句话就是坚持正确方向的唯一法则。

人生若波澜，世路有屈曲，但志在山顶的人，不会迷恋山腰的风景。在漫漫人生中，选择一定要放在努力的前面，因为只有专注地坚守愿景，坚持方向，才能抵制住诱惑，才能把握住大方向，只有大方向不迷失，坚定地抛弃那些毫无意义的坚持，人生中所有的努力才会更有意义。

我是唱歌最好的主持人

1978 年，16 岁的他孤身一人来到台北一家民歌餐厅以唱歌为生，怀揣音乐梦的他幻想着有一天能在这里被伯乐相中，成为一名红透华语乐坛的大歌星。

为了能唱好歌，他天天练嗓，学习乐理，还到处参加歌唱比赛。1980 年，他获得了与当时红遍台湾的歌星苏芮一同参加对唱比赛的机会，并获得了很好的成绩，也开始有唱片公司接洽了他。可是，正当一切顺风顺水之际，他服兵役的时间到了，一年兵役过后，他复出唱歌，却发现早已没有人认得他是谁了。

他没有气馁，仍然坚信自己一定会成功，觉得自己只是运气不好而已。1987 年，他多方筹集资金，发行了第一张华语专辑《是不是这样的夜晚你才会这样的想起我》，但是投入市场后反响十分惨淡。面对这次失败，他没有被击败，而是依然选择坚守歌唱舞台，十年如一日苦苦等待，虽然歌唱事业依旧不温不火，但他的唱功倒是得到了许多业内行家的认可。

功夫不负有心人，1994 年，他演唱的一首《真心换绝情》获得第六届台湾金曲奖。他欣喜若狂，以为自己歌唱事业的春天来了，但事实却并非如此，由于台湾歌手的局限性，他的知名度只限于很小的范围之内，即使是在大陆和香港也很少有人知道他的名字，而更糟糕的是，他唱歌的收入微薄至极，甚至已经到了入不敷出的地步，沮丧之余，他开始怀疑自己的坚持是否正确。在这个时候，一个崭新的领域向他抛出了橄榄枝。

台湾某电视公司的一档综艺节目《笑星撞地球》看中了他略显另类的表达方式，邀请他担任外景主持人。想多挣点钱的他立刻答应了，令人始料未及的是，这次“拉郎配”竟然造就了一位未来的综艺主持明星。

担任综艺节目主持人之后，他看起来一本正经实则搞笑无比的主持风格令其知名度大增，很快，台湾电视的王牌栏目《超级星期天》与《天天乐翻天》纷纷邀他加盟，并且他还受邀加入了《我猜我猜我猜猜猜》节目主持群。

在这个起初并不被他重视的主持舞台，他却彻底展现出了自己的才华。他凭借机敏滑头的模样、反应神速的头脑、灵动多变的肢体语言，形成了独特的搞笑主持风格，很快便拥有了无数粉丝，并在 2008 年获得了第 43 届金钟奖娱乐综艺节目主持人奖，成了当之无愧的台湾综艺主持第一人。

是的，他就是台湾金牌综艺节目主持人吴宗宪。如今，专注于主持工作的他早已被人淡忘了歌手的身份，但他自己却从未忘记那段怀揣梦想的时光。

在第 24 届台湾金曲奖颁奖晚会上，吴宗宪久违的一展歌喉，带来了一段闽南语歌曲串烧表演并大受欢迎，据说，这段演出是整个颁奖典礼收视率最高的环节。在接受采访时，他用半开玩笑的口吻说自己是因为想挣更多的钱才放弃唱歌选择综艺主持行业的，并自称是“唱歌最好的主持人”。或许他的话半真半假，但不可否认的一点是，在主持界，吴宗宪的搞笑风格是无人取代的，而在歌坛，他只是一个风格单一的普通歌手而已。

试想一下，如果在今天，吴宗宪依然在坚持唱歌，坚持自己的音乐梦想，他会像现在这么成功吗？或许，对于吴宗宪来说，放弃那些无意义的坚持才是他真正走向成功的第一步。

炸死关羽的“三颗雷”

提起武圣关羽，中国人没有不知道的，他与“文圣”孔子齐名，忠义无双，神勇无比，一生几乎百战百胜，唯在暮年之时，本驻守荆州四平八稳却莽撞出兵强攻襄樊，结果一战导致败走麦城，最终还丢了性命。

其实，关羽智勇双全，一生经历过无数战役，临战经验十分丰富，败走麦城多少有些让人不可思议，但细细品读武圣人这最后一战的过程，却又觉得这虽是意料之外但又在情理之中。

建安二十四年（219 年），刘备占领汉中，赶走曹军，自称汉中王，一直驻守荆州的关羽见刘备连战连捷，也不甘人后，想立下些功勋向大哥邀功，便不顾荆州有着来自东吴潜在的威胁（事实上，东吴就是关羽驻守荆州的假想敌，关羽认为自己武力雄厚，不必在意潜在的威胁，这就是关羽为自己埋下的第一颗雷），决定亲自起兵攻打曹操的属地樊城。

最初，关羽的战术并没有错误，将兵马分为两路，一路留守荆州，一路出征樊城，两军始终首尾呼应，可以随时支援对方。很快，关羽便利用自己极强的战争素质，连打了几场胜仗，还导演了一出水淹七军的超级好戏，重创曹军，连斩对方几员大将，一时间威震华夏，以至于曹操都打算迁都以避关羽锋芒。

战争开始时，几场小胜并没有让关羽冲昏头脑，他深知自己的根还是荆州，不论前方获取多大胜利，都要坚持留下部分精兵驻守荆州。但是，随着自己节节胜利，特别是水淹七军之后，地盘越来越大，兵力便有些不够用了，而在这时，关羽骨子里的骄傲也开始作祟，有了“调兵出荆州打下更大地盘”的野心。

这时，曹操一看形势不对，决定听取司马懿的意见，与孙权结盟共同对抗关羽，而东吴孙权深知关羽如果击败曹操，下一个目标一定是自己，而且以关羽的战斗力，自己并无获胜把握，于是两人一拍即合同意结盟。虽然暗地结盟，但孙权表面上仍然若无其事，还故意派初次出山的陆逊取代大将吕蒙驻扎在离荆州最近的地方，并且让陆逊假意恭维关羽，做出十足的示弱之态。此举一出，关羽顿时放下心来，以为在自己威名之下，东吴绝不敢造次，而且陆逊乳臭未干根本不足为惧，于是便不顾谋臣反对，执意抽走了荆州大部分守，兵全力攻打曹军。（孤军深入与后方不稳都是兵家大忌，却被关羽一一忽略，此刻，关羽内心深处的盲目自信与一意孤行便是给自己埋下的第二颗雷）

兵力增加后，关羽率军打得上瘾，却不知道孙权已在暗中行动。孙叔命令吕蒙率军袭取江陵，派蒋钦督水军进入汉水，为了迷惑关羽，孙权军队将战舰伪装成商船，兵士扮为商人，昼夜兼程，准备直取荆州断了关羽的后路。

其实这时，关羽仍有机会挽回局面，因为狡猾至极的曹操为了从中渔利，决定使用离间计，命人将孙权给自己写的信件射入关羽营中，关羽见信后却犹豫不决，不知信件是真是假。他一方面担心荆州失守，一方面又不愿放弃节节胜利的大好局面。（该当机立断却犹豫不决，该权衡利弊却一意孤行，耽误了撤退的最佳时间，这是关羽给自己埋下的第三颗雷）

正当关羽犹豫不决之际，吴军终于露出狰狞面目，一举攻占了荆州。此时，关羽军队的家属大部分都留在荆州，听闻荆州失守，顿时士气低落，而这时曹军也乘机大举反攻，此消彼长之下，关羽大败而逃。他知道荆州已失，只得败走麦城，就是在麦城逃亡路上，关羽因为日夜兼程，连续数日未休息，十分疲累，结果被吴军生擒，最终被斩于临沮。

关羽死后，后人以“败走麦城”比喻被逼入绝境，却极少有人探究这个绝境究竟是被谁逼入的。事实上，关羽就是被自己埋下的这三颗雷逼进了绝境：决定出兵攻打曹操时不顾荆州有东吴虎视眈眈，这是第一颗雷；节节胜利后又被东吴迷惑盲目相信自己，这是第二颗雷；得到孙权写给曹操的结盟书信却仍犹豫不决，这是第三颗雷。终于，第一颗雷爆炸，东吴占了荆州断了自己的后路；第二颗雷爆炸，精兵家属都在荆州使得在外战斗的士兵士气低落、军心涣散；第三颗雷爆炸，耽误了安全撤退的最佳时间导致全军覆没。

更具讽刺意味的是，“炸死”关羽的这三颗雷全都是他自己埋下的，而点火的引子就是他的固执己见，可以说，正是关羽自己一步一步的错误坚持将自己逼入了绝境。

错误的坚持，产生人生负价值

古时候有一个郑国人，有一天，他发现自己的鞋子坏了，便想去买一双新鞋子，由于集市离自己的家很远，一来一回要半天的时间，他就提前好几天拿出尺子，认真仔细地量了自己双脚的尺码，然后把量好的尺码放在自己的座位上。等到集市开张的那一天，郑国人知道集市上人特别多，怕自己去晚了买不到鞋子，于是天一亮就急匆匆带着盘缠赶往集市了，可等他满头大汗赶到集市来到鞋摊，根据自己喜欢的样式和用料认真挑选好自己中意的鞋子，又一番讨价还价定下价格之后，却突然发现自己竟然忘了带上尺码。

郑国人立刻返回家中拿尺码，可因为路途遥远，再加上他穿着一双破鞋，走起路来很不舒服，行动异常缓慢。等到他再返回集市的时候，集市已经散了，最终他也没有买到鞋子，只得闷闷不乐地返回家中。

在回去的路上，有人问他："你为什么不用自己的脚去试试鞋子？"

郑国人说："我宁可相信量好的尺码，也不相信自己的脚。"

郑国人的回答令路人哭笑不得，他们问他："你买鞋就是为了给脚穿的，为什么不相信自己的脚呢？"

郑国人瞪着眼大声回答:“别废话了，谁买鞋不是先量好尺寸，再按尺码买合适的鞋子呢？！”

路人一看这个郑国人油盐不进，只得强忍着笑意不再劝说他了。

这就是著名的郑人买履的故事，故事很简单，道理很浅显，这个郑国人也从此成了人们的笑柄。但是在现实生活中，类似于郑人买履这样的事情却是屡见不鲜。某些人只死守教条而不懂变通，某些人只会死读书而不会活学活用，某些人盲目相信经验却忽视科学规律……这些人与这个郑国人其实在本质上并没有区别。现实情况是，这种人在世界上非常多。而且审视一下自身，你就会发现在自己身上也或多或少有着郑国人的影子。

我曾在工作之初笃信勤奋就是一切成功的基础，因此遇到一切事情都会全力以赴，碰到任何问题都会毫不犹豫地提出自己的观点与意见，可时间久了，我发现自己渐渐被孤立了起来。究其原因，并不是因为我不努力勤奋，而是因为我总是固守“全力以赴不留余地”的原则，却忽略了职场中的规律，没有找准自己在职场中的定位，行事只从自己的角度出发，从来不给别人留余地，甚至还有几次不经意间抢了本应是上司来说的话，而且我还不听别人劝告，一味坚持自己所谓的原则。如此一来，“好大喜功”的评语落在了我的身上，让本身业务还不算精熟的我在公司里成了众矢之的，工作越来越难做，最后落得个自行辞职的下场。现在回想起来，那时的我跟买履的郑人其实没有什么不同，只不过，他固守的是自己亲手量的尺码，而我固守的则是所谓的自己定下的不留余地的工作原则。

事实上，郑人买履，丢的不仅仅是自己的面子，更是自己存在的价值感，甚至会产生让人轻视与嘲笑自己的负价值。试想一下，如果一个人总像这个郑国人一样，总是坚持一根筋不知变通，固守所谓的准则不放，那么，他生活的方方面面都会受到影响，更可怕的是，他的思想也会变得越来越僵化，行动起来自然就会四面碰壁，最后难免落个被淘汰出局受人耻笑的下场。

东施效颦注定失败

西施，本名施夷光，春秋战国时代的越国美女，后世人一般称其为西施。据说她天生丽质，气质高雅，琴棋书画无一不精，是中国古代四大美女之首，是美的化身和代名词。

东施，性别女，西施邻居，与西施一东一西毗邻而居，长相奇丑，行为粗俗，自负傲慢，嫉妒心极强，因为众人都赞西施美貌，东施心中对西施很不以为然，认为自己的相貌与才华都要远远胜过西施。

东施最看不惯西施的，就是西施的故作姿态。她常常看到西施举手投足都故意将动作放慢，谈话微笑也都刻意轻声细语，可是，西施虽然这样“故作姿态”，却还是引来了众人的“注目礼”，被众人啧啧称赞，这令东施十分嫉妒与不屑。

其实，东施也是个爱美之人，她也幻想着自己有一天也能像西施一样得到众人的赞美，于是，她常常变换各种样式的衣服，梳理各种样式的发型，可是无论她怎么绞尽脑汁梳妆打扮，却始终无法得到别人的赞美，乡人甚至连多看东施两眼的耐心都没有。

苦恼的东施更加嫉妒西施，于是，她每天悄悄观察西施，希望发现她被众人赞美的秘密。

有一天，西施正在街上行走，突然心口疼的毛病犯了，她手捂胸口，双眉皱起，流露出一种动人心魄的娇媚柔弱的女性美。当西子捧心从乡间走过的时候，所有的乡人都被这个绝美的场景深深吸引，几乎所有人都不约而同地放下了手中的活计，目不转睛地看着缓缓行走的西施，一直到西施的背影消失良久，众人才渐渐地缓过神来。

这时，在路旁悄悄窥视的东施看到了这一幕，她的心中狂喜不已，以为自己终于发现了西施的秘密，原来，捧着心皱着眉装装可怜就能变成美女，吸引众人的目光啊。

第二天，东施穿上了与西施一模一样的衣服，手捂胸口，紧皱眉头，从村前走到村后，又从村后走回村前，一路上还哼哼唧唧装作身患病症的样子，很快，乡人就发现了穿着西施一样衣服的东施，看到了她捂着胸口龇牙咧嘴的模样，听到了她令人心惊肉跳的沙哑嗓音，于是，乡里的富人们马上把门窗紧紧关闭，再也不敢打开，乡里的穷人们则马上拉着妻子儿女远远躲开，唯恐离东施太近了会吓哭孩子。大家看到这位怪模怪样走来走去的丑女人就像见了瘟神一样吓得四散而逃。

东施在村子里走了几圈，发现村里的路上只剩下她自己了，偶尔远处有人对她指指点点，但她感觉出来那些人绝对不是在赞美她。东施沮丧之极，但还是搞不明白，为什么自己穿了和西施一样的衣服，做着和西施一样的动作，结果就是这么冰火两重天呢？

东施不知道的是，每个人都有各自不同的气质与修养。西施相貌本就极美，再加上气质出众，自然是一颦一笑都惹人注目，而本来就相貌平平甚至丑陋的东施，根本搞不清西施能吸引乡人目光的本质原因，只是一味观察表象，还不甘心地非要与西施一争长短，以己之短比人之长，盲目模仿，不伦不类，自然就沦为他人的笑柄了。

其实，如果东施安守平凡不去模仿西施，能够安分守己做好自己的事情，也许还能得到乡人的尊重，可她却非要自不量力模仿西施，结果自然是被人讥笑了，可以说，东施脸上挨的这一记响亮的巴掌，完全是她自己凑上前去求人赏赐的。

这就是东施效颦的故事。故事告诉我们，不能盲目地去模仿别人，做任何事都要首先想到自身的条件，如果一味地模仿他人，不研究实质内容只效仿表现形式，结果只会适得其反。如果一个缺乏外在美的人，只从表面上模仿他人，结果只会变得更丑；如果一个不具备成功基础的人，只是一味盲目地学习成功人士的行为和语言，只会让自己成为笑话，这种毫无意义的坚持最终只会弄巧成拙害了自己。

霸王项羽究竟输给了谁

公元前 202 年深秋的一天，面对满目萧瑟，耳听四面楚歌，不可一世的楚霸王项羽在乌江边长吁短叹，在自刎之前，他仍然将自己失败的理由归咎于“时不利兮骓不逝”，叹息这是时也命也，一副无可奈何的模样。如果他此时能回想起在四年前鸿门宴上自己的摇摆不定，想起正是当初跪在自己面前摇尾乞怜的刘邦如今将自己逼入了绝境，不知道心中是否能有一些悔意与感悟呢？

时光不可逆转，失败同样不可逆转。回顾项羽的一生，成于霸气，却也是败于霸气。试问，一个只能享受胜利不能接受失败的人，一个听不见别人意见一意孤行的人，能靠自己的匹夫之力与固执之勇夺得天下吗？很多人会说，项羽输在当初不听范增所言杀掉刘邦，但他们却不知道，以项羽的固执与自大，即便没有刘邦，也会冒出个王邦李邦，一样能打败他。

事实上，项羽绝非一介武夫，也并非有勇无谋，否则也不会有百战百胜的战绩，也不会被人称为“羽之神勇，千古无二”。但越是这样的人中龙凤，性格中便越有些固执甚至顽固不化。其实，项羽有很多机会可以杀刘邦，绝非只有鸿门宴一次，可是每一次，刘邦都只是摇尾乞怜稍微示弱之后便能全身而退了。

先看鸿门宴，项羽四十万大军对刘邦十万军队呈碾压之势，早已看出刘邦胸有大志的谋士范增要项羽必须杀掉此人。刘邦自知不是项羽对手，硬拼必败，便选择了主动示弱示好，并迅速把抢得的金银珠宝原封不动送到了项羽营中，更说愿意低头称臣奉项羽为关中王，此举让项羽心中的杀机顿时少了几分。等到鸿门宴上两人见面，刘邦所做的第一件事就是跪倒在地口称臣子，这一跪更是将项羽心中的杀意变得摇摆不定，此时，项羽看着脚下的刘邦，觉得他不过是个自己可以随意践踏随时宰杀的失败者而已，而刘邦正是借助项羽在杀与不杀之间的片刻犹豫，得到了假借小便如厕尿遁的救命良机。

再看荥阳之战，公元前 204 年，项羽在范增的建议下，大军出动围攻荥阳，打算把刘邦消灭。刘邦非常害怕，采取陈平的计策，离间项羽和范增，散发流言说范增有反叛之心，项羽果然中计，剥夺了范增的权力，范增没有想到项羽竟然会怀疑自己和刘邦有勾结，十分气愤，于是告老还乡，并在途中一病不起。可以说，范增之死真正打破了两军的平衡，强弱之势开始逆转，因为之前还有个聪明人范增在一旁时刻提醒着项羽，如今只剩下了一根筋的霸王，纵然兵强马壮，却不懂攻心只知砍杀，面对着老奸世滑的刘邦，哪有不败之理？

其实，尽管范增死了，但项羽依靠绝对的力量仍然可以打败刘邦。接下来刘邦百战百败，节节败退，眼看胜利在望，项羽自己却又开始出昏招了，他竟然在两军阵前要求和刘邦单挑，刘邦自然不肯，还闭门不出不理项羽，项羽若是有智，只需围困几日，城中自然粮草不继不战而降，可大怒的项羽却选择了日日强攻，自损八百的同时，也给了与刘邦遥相呼应的韩信机会。一边是刘邦坚守不出，一边韩信率大军从背后抄了项羽的后路，项羽腹背受敌，又粮草不继兵困马乏，只得与刘邦签订盟约，以鸿沟为界，中分天下。

项羽还在遗憾没有彻底消灭刘邦，却不知道在这个时候，双方的力量已经发生了变化，项羽身边既少了范增，又损了大批兵将，狡猾如狐的刘邦自然不会再一味示弱。养精蓄锐之后，刘邦立刻撕毁盟约，率领六十万大军，四面合围楚军，此时，元气未复的项羽再猛也顶不住了，一路逃到乌江，最终自刎于江边。

其实，一直到最后关头，项羽依然有翻盘的机会，但骨子里的狂傲与一意孤行还是害了他。当时，项羽完全可以听从下属建议，回到江东重整旗鼓，以图东山再起，但他却以无颜再见江东父老为由拒绝了。一个承受不了失败的人注定也不会得到最后的胜利。按照项羽的这个性格，如果他是刘邦，恐怕早已自杀无数次了。

事实上，项羽并没有败给刘邦，而是败给了自己的一意孤行与妇人之见，败给了自己的错误坚持导致一错再错。只是这份坚持带来的教训太过巨大与残酷。

官渡之战：一手好牌打成了烂结局

两万兵力对十万兵力，四面楚歌对无后顾之忧，这就是官渡之战前曹操与袁绍的力量对比与形势差异，但是，官渡之战的结果却是袁绍惨败，曹操则一举奠定了自己的霸主之位。那么，这一战究竟是怎么打的呢？

东汉末年，群雄并起，袁绍、曹操两大集团是其中最大的两股势力。曹操“挟天子以令诸侯”，威势大增，袁绍则尽占河北之地，意欲南征以夺天下，两人之间的决战在所难免。这时，袁强曹弱，袁绍属地四方臣服，并无后顾之忧，而且地广人多，兵力在十万以上；曹操能调用的仅有不到两万的兵力，身旁除了北方的袁绍，还有关中诸将虎视眈眈，同时南边刘表、张绣不肯降服，东南孙策蠢蠢欲动，暂时依附的刘备也是貌合神离。

建安四年（199 年）六月，占尽天时地利人和的袁绍挑选精兵十万，战马万匹，南下进攻许都，官渡之战的序幕由此拉开，此时，袁绍无疑是占据了压倒性的优势。

袁绍举兵南下的消息传到许都，曹操部将大多数都认为袁军强大不可匹敌，但曹操却认为袁绍志大才疏，胆略不足，刻薄寡恩，刚愎自用，兵虽然多却不善于指挥，将士多骄且政令不一，于是决定以所能集中的两万兵力驻守官渡，抗击袁绍的进攻。

可是，正当曹操紧锣密鼓地部署对袁绍的作战计划时，自己的“后院”却起了火，早有谋反之意的刘备突然起兵反曹，并与袁绍联系，打算合力攻曹，分了曹操的属地。曹操为避免两面作战，决定先攻刘备。此时，明眼人一眼就可看出，这正是袁绍夹击曹操的最佳良机，袁绍手下第一谋士田丰立刻建议袁绍“举军而袭其后”，一举击溃曹军，但袁绍却不为自然，以幼子突然生病为由拒绝采纳田丰的建议，致使曹操从容击败刘备并顺利回军官渡，这是袁绍浪费的第一个机会，同时，也寒了准备效仿刘备夹击曹操的旁观群雄之心。

公元200年正月，不紧不慢的袁绍书写檄文大骂曹操，并准备渡河与曹军决战，此时谋士田丰建议不要分兵，以保持优势兵力，防备被曹操各个击破，但袁绍依然置之不理。袁绍分兵数路，试图合围官渡一举歼灭曹军，结果反被曹军集中优势兵力打了一个埋伏战。曹操重创袁军，解了白马之围，让气势汹汹的袁绍第一战就败了个灰头土脸。

恼羞成怒的袁绍亲率大军渡河追击，以十倍兵力追击曹操，但关键时刻却又掉了链子。原来，曹操深知袁军贪财好色，一见敌众我寡，就命令士卒解鞍放马，故意将辎重丢弃在路旁。袁军一见果然中计，纷纷争抢财物。埋伏在一旁的曹操突然发起攻击，以六百之兵击溃六千袁军，并顺利退回官渡。至此，袁绍军队虽然兵力仍然占优势，但锐气已被严重挫伤。

袁军虽然接连失利，但兵力仍占据压倒性优势。双方在官渡相持了三个月，曹军处境困难，兵少粮缺，士卒疲乏。曹操几乎失去坚守的信心，他写信给荀彧，商议是否要退守许都，荀彧回信说："主公以至弱抵挡至强，如果不能坚持，一定会被对方乘机消灭，现在已经是决定天下大势的关键时刻。主公以一当十，扼守要地使袁军不能前进，现在已经半年多了，情势已经明朗，绝无回旋的余地，只要坚持下去，很快就会发生重大的转变。这正是出奇制胜的时机，千万不可坐失。"看了荀彧的信，曹操下定决心，继续坚守不出，同时等待反击的机会。

十月，机会终于来临，曹操探知袁绍将粮草囤积在大营以北约 20 公里的故市和乌巢，立即决定发起奇袭，并亲自率领步骑兵两千，一路上冒用袁军旗号，利用夜色掩护走小路。在顺利到达乌巢后，曹军立即围攻放火，把粮草烧得个一干二净。而袁绍在得知曹操袭击乌巢后，却仍然否定谋士田丰全力追杀曹操保护粮草的建议，幻想着能够一口吞下对方。他分兵两路，一路派轻骑救援粮草，另一路依然重兵猛攻曹军大营。可曹操走前早已留下了守城策略，城内将士万众一心誓死抵挡，袁军久攻不下，攻城的袁军大将却突然得知乌巢被破粮草尽毁的消息，彻底对袁绍失去信心，便停止攻城，向曹操投降，这时军心动摇，内部分裂，袁绍大军终于四散而逃土崩瓦解了，最后，袁绍只带着八百残兵逃回河北，不久便郁郁而终了。

官渡之战，历时一年，以曹操的全面胜利宣告结束。曹操以两万兵力击破袁军十万大军，彻底将强弱之势逆转，接下来，曹操乘胜追击，杀进河北，彻底灭了袁绍，统一了北方。

官渡之战也让后人感触颇多。毛泽东在《中国革命战争的战略问题》一文中指出:“袁绍内部不和，又骄傲轻敌，刚愎自用，屡拒部属的正确建议，迟疑不决，一再地丧失良机，终致粮草被烧，后路被抄，军心动摇，内部分裂，而全军溃败。”小说家蔡东藩则在《后汉演义》中评价:“曹操处处能用谏，袁绍处处是愎谏，即此已见袁曹之兴亡，不待战而始决耳！”

由此可见，要探究袁绍如何将一手好牌打成了死局，就不得不提他数次拒绝谋士田丰的建议。可以说，每一次出现机会或是生死关头时，田丰都能审时度势提出正确的建议，但狂妄自大的袁绍却不以为意，在错误的道路上越走越远，而且在溃败而逃后仍然将罪过归于他人，最终杀害了田丰。而与之形成鲜明对比的，则是劣势中的曹操广纳众人之言，并取得了最终的胜利。

可以说，正是袁绍的固执己见与不知悔改葬送了本应该属于自己的大好局面，最终留下了一败涂地退出历史舞台的悲惨结局。

方法不对，努力也没用

这是一个关于“学”的故事。众所周知，中国自古以来就十分崇尚学习，热爱学习在中国是一种高尚的品德，但是，“学”也必须要讲究方式方法，盲目且不得要领的“学”往往会事倍功半，甚至还会产生负面作用。由于“学”的方式不对，学来的东西反而会成为负担，并且还会丢了自己原本就会的本领。

在战国时期，有一个燕国的年轻人，他非常注重自己的仪表，每次出门之前都要精心梳妆打扮，要确保自己以最佳的形象出现在外人面前，因为，他的目标是成为燕国最有名的英俊男子。但是，时间久了，却有人向他提出了意见，认为他各方面都很完美了，只有走路的姿势有点可笑。因为在众人印象中，英俊男子走路大都是迈着大步虎虎生风，或者是行如清风飘逸潇洒，而这个年轻人走起路来却是踏着小碎步亦步亦趋，没有壮士的英武，也没有才子的风雅，反而像个没有主见的妇人。这对于要求完美的他来说，显然是一个大大的败笔。

听到这个评价之后，年轻人立刻回家对镜自省，果然，他发现自己走路的姿势确实如别人所说的那样。他越看越觉得难看，于是，立刻开始着手纠正自己走路的姿势，开始学习别人走路，可是学来学去却总是不得要领。这时，一个朋友对他说，位于赵国的邯郸人走姿非常漂亮，据说邯郸男子不论俊丑高矮，都走得一脚好路，仅凭走姿就能给人以无尽美感。听到这个消息，年轻人喜出望外，他立刻收拾行囊，告别家人，直奔邯郸而去。

三天之后，年轻人顺利来到邯郸，一见街上行人，果然都是龙行虎步器宇不凡，年轻人兴奋不已，不顾行程疲惫，立刻开始跟着邯郸人学习走路。

最初，年轻人跟在一位长袖挥洒的中年读书人后面，学着那人三步一停，五步一顾，学得像模像样。可是走着走着，年轻人突然又看到一位异常英武的同龄人，那人走在人群之中惊为天人，年轻人立刻放弃原来跟着的读书人，改为跟在这个同龄人后面。可是这个人步履如飞，年轻人跟着走了半个时辰便跟不上了。年轻人有心想叫住此人认真学习，可终究脸皮太薄，不敢说自己连走路都走不好，是特意来学走路的，犹豫间这位同龄人就消失了。无奈之下，年轻人只好在大街上闲逛，一会儿跟着这个走，一会儿跟着那个走，学来学去，竟然觉得这走路姿势千种万样，有着说不尽的学问。

见到年轻人如痴似狂地学人走路，许多邯郸人也注意到了他，见他一会儿跟这个人走，一会儿跟那个人走，有人便提醒他，每个人都有适合自己的走路姿势，一味盲目地去学习别人，也许并不适合自己，但年轻人听了却不以为然，他觉得，只要自己坚持学习，就一定能找到属于自己的最佳走姿。

不知不觉，年轻人在邯郸学步已过了月余，他先后学了慢行、快行、龙行、虎步，觉得自己已经大功告成了，同时，年轻人带的盘缠也快用光了，于是，他决定启程回家。可是就在返家的第一天，年轻人走在官道之上，突然发现了一件可怕的事情，若是没有人引领，自己竟然不会走路了。他的脚向前一迈，就会想起那些走姿的要领，可是大脑转变太快脚步却跟不上了，往往是还没有迈出脚步，就又想起下一个动作来，心里一急，脚下就乱了，年轻人越走越慌乱，终于满头大汗瘫坐在地，再也站不起来了。

年轻人想赶路回家，可是却忘记了自己该怎么样走路，最后，他只得四肢并用爬着回到了燕国。一路上，众人看到在地上爬行的他，指指点点笑声不断，他脸红耳赤却又无可奈何。

这就是邯郸学步的故事，诗仙李白还专门为这个年轻人写了一句诗“寿陵失本步，笑煞邯郸人”，讽刺这位年轻人只知道一味地去模仿别人，这山看着那山高，却不考虑自己的实际情况，结果不仅学不到本领，反而把原来的本领也丢了。在如今，位于邯郸市内沁河之上建有一座学步桥，桥上燕国青年滑稽可笑的走姿凝固在了历史的长河之中，警醒着世人。

在现实生活中，其实也有许多人犯过邯郸学步的毛病，一味坚持去模仿那些所谓的成功人物，结果画虎不成反类犬，不仅没有学到本领，反而丢了自己原有的本领，这种盲目滑稽的坚持让“学习”变成了一个贬义词，也让自己变成了一个笑话。

不知变通，刻舟也求不了剑

战国时期，有一个楚国人，非常勤奋上进，从小就立志要成就一番事业。他每日苦读诗书，苦习剑术，希望自己能够成为文武双全的栋梁之材。功夫不负有心人，这个人很快就把书中内容背得滚瓜烂熟，剑术也练习得有模有样。但是，这个人却有一个毛病，做什么事总喜欢先找个参照物，书上有的就按书上写的来做，书上没有的就按看到的类似的事物自己照葫芦画瓢。总之无论什么事，他总要找到一个模板来照着做，从来没有想到过要变通。

有一天，这个楚国人在山林里练习剑术，看见一个樵夫在不远处的山坡上砍柴，忽然，樵夫手里的斧头一不小心掉进山谷里去了。山坡到山谷之间没有直上直下的路，而且山谷里杂草丛生，连斧子的影子都看不到。他正替樵夫着急，准备帮他一起下山谷寻找斧头，却看见樵夫不慌不忙地在斧头落下的地方做了一个显眼的记号，用一根高高的树枝插在地上，直指斧头落下的方向，然后樵夫迅速从旁边的小路绕下山去，对照着山上醒目的标记，很快就在草丛里找到了斧头。樵夫的方法让这位楚国人敬佩不已，他暗暗将这个方法记在了心里，心想着如果自己哪天丢了东西，也可以用这个聪明的方法找回来。

楚国人没有想到，他学到的这个方法很快就派上了用场。第二天，他搭乘一条渡船过江办事，一路上，他站在船舷边观赏景色，江水两岸的美丽景色令他目不暇接，转眼之间，船已行至江水中央，陶醉于美景的他一不小心，随身携带的一把宝剑滑落到江水中。众人连忙劝他赶快跳下水去打捞，他却笑着摇了摇头，因为此刻，他眼前浮现出樵夫刻记号的一幕，他想，我丢宝剑樵夫丢斧头，不都是一样的道理吗？

于是，胸有成竹的他微笑着说："大家不要慌张！我自有妙法。"只见他取出一把小刀，在剑掉下去的船舷边上刻了一道深深的记号，直指江水深处，口中还自言自语道："我的剑就是从这儿掉下去的！"众人看他不慌不忙，以为他真有妙法，于是停下的船便继续前行。待船到岸停靠后，他才慢慢站起身来，面对着四周疑惑的目光，从容不迫地脱去衣服，从船舷边所刻记号处跳入水中。可是，他在水中捞来捞去，捞了整整两个时辰，却怎么也捞不到那把剑，围观诸人目瞪口呆地看着他浮出水面抚摸着船边的记号，梦呓般喃喃自语起来："我的剑明明是从这儿掉下去的，怎么就会找不到了呢？"

这就是《吕氏春秋·察今》中记载的刻舟求剑的故事。楚国人因为这次丢剑寻剑的经历，被人们嘲笑了几千年。

其实，楚国人热爱学习的习惯并无错，他错就错在没有考虑到自己所处的环境，因为樵夫丢斧子的山谷不会动，山坡也不会动，而楚国人丢剑的船会动，他的记号记在一直前行的船上，就等于根本没有记号。他当时应该做的，其实是在丢剑的水域留下记号，做好充足准备再下河寻剑，或者是干脆就地停船，立刻下河寻剑。

《孟子·尽心下》中有言:“尽信《书》，则不如无《书》。”意思是世间之事没有一刻不在变化，如果不用发展的眼光看问题，只盲目相信从书中学到的知识和道理，不仅不会帮助你，反而会将你禁锢起来，还不如什么都不学，只凭借着一股不惧失败的勇气去探索，或许那样成功的概率反而会更大一些。

楚国人就是因为总是相信书里讲的，总是相信从别处看来的东西，导致了自己的失败。但话说回来，虽然世人嘲笑了这个刻舟求剑的楚国人几千年之久，但这几千年来，刻舟求剑的人却总是层出不穷。

小事上刻舟求剑，或许只是让人贻笑大方，但如果主政者刻舟求剑，可能就会造成国家大乱民不聊生了。刻舟求剑的教训其实就是告诉我们，办事不能只凭主观愿望，不能拍拍脑袋想当然，不能人云亦云，而是要根据客观情况的变化灵活处理。如果一味坚持死道理死方法，只会让自己钻进死胡同，最终导致失败。

是谁杀死了吕布

“马中赤兔，人中吕布。”说的是三国时的第一猛将吕布，这位超级猛将在当时可谓是无人能敌，但是他的结局却让人有些看不懂。在曹操并不算猛烈的攻势面前，吕布一败涂地被俘身亡，而究其原因，竟然是因为没有听从一个人的建议，这个人，就是三国时著名的谋士陈宫。

想当初，陈宫选择吕布为主正是看中了吕布的英勇无双，认为凭借自己的智谋，定能辅佐他成就一番大业，却不料吕布这人虽然长得人高马大器宇轩昂，却是个优柔寡断猜忌颇多的人，使得陈宫的一番心血付诸东流，最后还赔上了自己的性命。

事实上，在曹操攻打吕布之时，陈宫的计谋如果吕布能采纳一条，也不至于落个身败名裂的结局。

建安三年（公元 198 年）九月，曹操率大军进攻吕布，最初势如破竹屡战屡胜，眼看就要杀到下邳了，这时，陈宫向吕布献了第一条计策，让吕布带兵出城选择一片偏僻之地驻扎，城内则由陈宫闭关坚守，两者形成犄角之势，便可首尾呼应，抵御曹操大军。陈宫建议，最好能趁曹操初至立足未稳之时，以迅雷不及掩耳之势攻击曹军，定能打对方一个措手不及。哪怕一时不胜，只需耗得几天，等曹军粮尽，自然就会败退而去了。

陈宫的这条建议立足于自身兵力的基础上，又占据天时地利人和，而且料敌于先，确实能够达到战胜曹操的目的，但是吕布听到陈宫的建议之后，却没有首先考虑计策是否可行，反而先疑心陈宫是否有坑主的私心。吕布心想，如果自己把城池委托给陈宫驻守，一旦陈宫怀有异心，那么城中妻儿便会尽落敌手，而自己孤军在外，必然也会被敌军消灭，反观城中的陈宫，却是可降可守，没有丝毫损失。想到这里，吕布便建议由陈宫出城，自己留守，可陈宫却说唯有吕布的神勇才能直面曹军而不败，自己的武力只能够依托城墙坚守不出而已，吕布一听，立刻觉得自己的怀疑很有道理，便决定不按陈宫计谋行事。面对吕布的拒绝，深知吕布心思的陈宫只得徒叹奈何。

就在吕布猜忌时，战机已转瞬即逝。几天之后，曹操大军围城，吕布几次出战均无功而返，眼看城内粮草渐少，人心涣散，此时，陈宫献出了第二条计策，说探子已探出曹军粮草所在，只需吕布亲领精兵断其粮道，便可解了下邳之围。但是，这一次吕布一听又是让自己出城打先锋，而且还是深入敌后孤身犯险，便依然选择了拒绝，而且，这一次拒绝的理由更是奇葩，居然说是自己夫人难舍郎君离城赴险，又哭又闹缠着自己不放。

正当陈宫准备继续苦劝吕布之时，曹操突然送了一封信给吕布，向他陈述祸福，劝说吕布投降。其实，连战连败的吕布早已有了投降的意思，正好准备借此良机开城投降。或许投降这事对别人来说很难，但对吕布来说简直就是小菜一碟，他有一个外号叫三姓家奴，生平投降之事做得轻车熟路。但是这一次，陈宫却深知，如果吕布投降则必死无疑，因为曹操不像袁绍董卓那般大度，曹操是个真正的枭雄，而且对方营中还有一个对吕布恨之入骨的刘备在煽风点火。于是陈宫联合一众部将苦劝吕布，说明利害，终于使得吕布暂时放下了投降的念头。

曹操见吕布不降，一时也没有什么办法，直到三个月之后，才利用洪水攻破了下邳，其实这时，在陈宫的建议下，吕布仍然还有一线生机。那就是，在水淹下邳之前逃出去，以求日后东山再起。陈宫其实早已看出曹操准备用水攻的办法破城，但引水淹城需要等三个月时间，吕布完全有机会逃出下邳。可惜这一次，吕布再一次选择了拒绝，因为城中还有他的美人貂蝉无法带走，而且最重要的是，在内心深处，吕布始终坚信即使城破自己也可以不死，大不了投降，以自己的武力，曹操一定认为自己还有利用价值。

到这个时候，数次拒绝陈宫建议的吕布败亡的命运已经不可逆转了。接下来，早已对吕布忍无可忍的部将们纷纷选择了造反，他们绑了忠心耿耿的陈宫开城投降，看到陈宫被俘，部下造反，吕布倒也利索，立刻顺水推舟跟着投了降。但令吕布始料未及的是，被五花大绑的他这一次再也没有当家奴的机会了，曹操直接下令杀了。

陈宫被俘后对曹操说:“吕布不听从我的建言，最终才会落到这个地步，如果他听我一次，也不至于到今天这个地步。”

回过头细看吕布这个人，会发现，他虽然骁勇善战，武力过人，但却没有让人信服的气节，一味地唯利是图，反复无常，总是在猜忌别人，不纳良言，到最后弄得自己众叛亲离一败涂地。

真正杀死吕布的不是别人，而是他一贯不变的猜忌怀疑与坚持错误道路的一意孤行。

自我欺骗的最高境界：掩耳盗铃

春秋战国时期，在晋国的一场世家之争中，势大的赵氏家族一举灭掉了范氏家族，消息传出，晋国的小偷们蜂拥而至，纷纷赶往范氏家族在各地的院落，都想从这晋国有名的大富之家分上一杯羹。其中有一个小偷，因为来得晚了，只看到遍地狼藉，可他又不甘心空手而归，于是便到处寻找，看看还有没有剩下什么能偷来卖钱的东西。

这一找，还真找到了一个被人遗忘的东西：院子偏门上吊着的一口大钟。这钟是用上等青铜铸造而成，造型和图案都十分精美，绝对能值不少钱。小偷一见高兴极了，心想如果能把这口精美的大钟背出去，一定能够卖个好价钱。于是，他小心翼翼地取下大钟，放在地上，准备背回自己家去，可是这口钟又大又重，小偷用尽了力气，还是背不动。他急得满头大汗，思来想去，终于想到一个办法，就是把钟敲碎化整为零，然后一点一点搬回家，这样虽然钟被破坏了，但青铜碎块还是能卖上不少钱的。

想做就做，小偷找来一把大锤子，用尽全身气力向大钟敲去，只听咣的一声巨响，大钟只是出现了一条浅浅的裂纹，小偷却被这巨大的敲击声吓了一大跳，他心想这下可糟了，这钟声不就等于告诉人们我正在这里偷东西吗？他心里一急，便纵身一跃一下子扑到了钟上，张开双臂想捂住钟的声音，可钟声又怎么能捂得住呢？虽然他用尽力气，钟声依然悠悠扬扬地传向了远方。

小偷怕有人发现，吓得连忙躲到了一边，远远看着有没有人进院子抓自己，结果等了许久也没有人进来。小偷心想，钟只是响了一声，听到的人可能也没想到是有人在偷东西，心里顿时轻松下来。他小心翼翼走到钟前，又取出大锤子轻轻敲了一下，没想到大钟又发出了悠扬的钟声，小偷越听越害怕，不由自主地抽回双手，使劲捂住了自己的耳朵，突然，小偷心里一喜:“咦，这钟声怎么变得这么小了！”

这个发现令小偷惊喜若狂，他想：这真是妙极了！把耳朵捂住不就听不见钟声了吗？这样不就安全了吗？他立刻找来两个布团，把耳朵紧紧塞住，心想，这下就再也听不见钟声了，于是放手砸起钟来。一下一下，钟声顿时异常响亮地传到很远的地方。持续的钟声，终于引起了人们的注意，大家听到被封闭的范氏大院中传来一阵阵响亮的钟声，猜测里面一定是出了事，于是便蜂拥而至把这个自作聪明的小偷捉住送进了官府。最具讽刺意味的是，这个小偷一直到人们走到自己的面前，才发现有这么多人走进了范家大院，因为耳朵被紧紧塞住，他根本没有听到人们打开院门走进大院的声音。

这就是掩耳盗铃的故事。众所周知，声音是捂不住的，你听不见不代表别人都听不见，不管你是否捂住耳朵，钟一敲都是要响的，客观存在的事物不会以人的主观意志而改变。

现实生活中，掩耳盗铃的事情其实屡有发生。《答江德功书》曾记载了一个文人出书的故事：这个人知道自己的水平很差，所以常常剽窃别人的文字，为了避免人们的非议与嘲讽，他想到了一个方法，就是出书之时不署自己的姓名，这样一来别人就不会知道是他写的了。可他忽略了，书一旦流传世间，总会有人知道是谁写的，这样的事情根本是掩盖不住的，与掩耳盗铃的小偷在本质上是一样的。

趋利避害是掩耳盗铃之人共有的属性，很多人会对那些对自己不利或者不喜欢的客观存在事物采取不承认的态度，以为这样一来，那些事物就不会存在了，这在本质上和“掩耳盗铃”是一样的，都是极端的以自我为中心的唯心主义的表现，这种坚持以自我为中心的行为如果一直延续下去，而对客观存在的现实不正视不研究，闭目塞听充耳不闻，最终只会落得遭人唾笑自食其果的下场。

鱼和鱼缸有关系吗?

“中国没有建筑，只有房子。”几十年前，著名建筑学家梁思成先生一针见血地指出了中国建筑行业的落后现状。此后的很长一段时间里，中国成了国际建筑师的试验场，国内的重大标志性项目的设计权纷纷被国外设计师获得，甚至有的项目在招标中竟规定，国内设计单位必须和国外设计机构组成联合体才能参与投标。

进入 21 世纪之后，这种情况愈演愈烈，中国建筑师都在为市场前景忧心忡忡，中国本土建筑设计业彻底落入了低谷，就在这时，一个北京小伙踌躇满志地从美国回到了北京，不久，MAD 建筑事务所在北京宣告成立。

在外国设计公司林立的中国市场，要占得一席之地谈何容易，但这个小伙子竟然用极短的时间就站稳了脚跟，随后，一件件石破天惊的作品横空出世。2004 年 9 月，广州 800 米双塔震惊了世界建筑行业，他和他的设计公司也因此一炮而红；2006 年的广州国际生物岛、长沙文化中心；2007 年的厦门博物馆、三亚凤凰岛、世界岛之东京岛、鄂尔多斯博物馆；2008 年的北兵马司胡同 32 号、嘉德艺术中心、北海海湾新城……一个个在中国建筑界响当当的著名作品都出自他之手。

他的成功秘诀是什么呢？答案很简单：一切源于设计理念的差异。

“鱼需要鱼缸吗？”“什么样的空间才最能满足人的需求呢？”他一直在思考和研究这些带有哲学性的建筑问题，正因为此，他的理念才超脱了建筑本身，达到了另一个高度。

在 MAD 建筑事务所的办公空间里，放着一个不大的鱼缸。他说：“我们用摄像机拍摄鱼的活动，在电脑里分析它们的行为，发现了它们的一些习惯，并按照它们的生活需要设计了一个鱼缸。但后来我们想，鱼一定要跟鱼缸有什么关系吗？与忘情于江湖相比，什么样的鱼缸都是对鱼的限制。人类从住山洞，到住帐篷，现在又住进遍布城市的方盒子一样的建筑里面，每一次技术进步都改善了人的居住条件，同时也更多地限制了人与自然的交流和自由的生活。我们在拥有了如此高水平的技术之后，应该思考的是，如何让人们生活得更开放，如何利用好技术，如更尊重人的选择，让空间尽可能拥有自己的个性，而不是限制。”

由于具备了哲学与人文的思想，他建筑理想的展现似乎总是给人惊喜。当人们以为会出现一个棱角的时候，他给出了一个曲线；当人们期待一个新高度的时候，他却拿出了一个平面。他的设计形态各异，却都命中注定般烙印着 MAD 风格；他的设计前卫大胆，却似乎总能与周围环境达成一种戏剧化的和谐。

在占领国内市场的同时，他还将触角伸到了国外市场。2006年9月，在加拿大密西沙加市，一场声势浩大的建筑设计方案确定的宣布仪式上，市长亲自宣布中标者是一位来自传统意义上的“建筑设计弱国中国”的小伙子时，整个城市沸腾了，那一年，他年仅30岁，却创造了历史，成为中标国外标志性建筑第一人。

他说:“从早上开始，我就不断接受当地媒体的采访，包括在电台和电视台做现场直播节目。后来，密西沙加市的市长还亲自给我写了一封信，感谢我为城市设计了一个这么好的建筑。”

翻开他的履历表，我们可以看到，在美国期间他已锋芒毕露，2002年刚刚取得耶鲁大学建筑学硕士学位便独力完成了“浮游之岛”——重建纽约世界贸易中心方案，这个独树一帜的方案获得了各方赞誉，后来被中国国家美术馆永久性馆藏。

在建筑的无人区里，他信手拈来便是一片令人叫绝的绝妙涂鸦。无论是因纽约世贸大厦重建方案“浮游之岛”而成名于纽约，还是获得上海国家软件出口基地国际竞赛一等奖、上海现代艺术公园概念设计竞赛一等奖，包括最近获得的广州生物岛广场国际设计竞赛的胜利和“玛丽莲·梦露大厦”设计权的获得，他和他的伙伴们一直在坚持着同样的设计理念。

他说:“对于我们来说，更重要的是传播我们的理念，那就是，建筑应最大可能地满足人的需求，这是必然的。我们的建筑绝不是追求形式上的新奇怪异，而是要创造未来。”

说这些话时，他目光闪烁，全身上下洋溢着理想主义的光芒。

他就是马岩松，北京 MAD 建筑事务所创始人，现代中国建筑设计行业的扛鼎人物。

没有一味坚持固有的传统设计风格，敢于开创独特的设计理念，才是这个初出茅庐的年轻人能成功的主要原因。

淘汰是为了迎接新的开始

1965 年，41 岁的美国人霍克又一次失业了。从 14 岁厌倦上学，于是辍学开始工作，他已经换了无数次工作：当过乳牛场伙计、搬运工、屠宰厂工人、农场农药喷洒工……但每次都干不长久，与生俱来的叛逆性格让他总与上司格格不入。

但这一次失业是致命的，因为家里还有三个年幼的孩子、沉重的房贷和一个还在读大学的老婆，无奈之下，他只得夜以继日地找工作。一个月后，他在国家商业银行谋得一个岗位，但遗憾的是，他的“叛逆”本性没有丝毫改变，干了不到两年，他再次对公司发出了质疑：为什么我一直不能得到晋升？为什么我总是不断地与上司发生冲突？

继续追问下去只会让人疯掉。1967 年，43 岁的他即将步入“历史的车轮”，就在这时，他获得了一个参与“美国银行卡”发布活动的机会，他的任务是从美国银行那里拿到一个特许经营证，后者有权向当时的美国各大商业银行发布这种早期的信用卡。

事实上，上司的本意是想把一个不可能完成的任务交给他，然后看着他惨败而归，从而名正言顺地把他开除。但是这一次，他们失算了。

那个年代，信用卡刚刚在美国银行业露脸，对这项业务毫无经验的霍克突然好像看到了银行卡的发展前途。一向不按常规出牌的他取得了信用卡业务的初步成功之后，又设法说服美国银行放弃了对美国银行卡的所有权，由此开创了美国银行卡联盟（Visa 的前身）。

带着 30 多年来一直对创新组织与管理的向往与实践，他发展出一套“价值交换”的全球系统，并借此创建了一个组织“维萨国际”。由于当时还没有互联网，没有企业联盟，也不是信息社会，“维萨国际”的诞生全是凭借观念、想法和信念的力量。这一年，他已经 46 岁了。

他的事业开始蒸蒸日上，但他叛逆的本性却始终未变。在担任 Visa 首席执行官 14 年后的某一天，60 岁的他将职业装放入衣柜，奔向偏远的荒地，驾驶着一辆履带式拖拉机开始了长达 10 年的农夫生活。直到 1994 年，他才结束隐居再次复出。

2008 年 3 月 18 日，维萨集团通过首次公开发行股票成功融资 179 亿美元，创下美国历史上 IPO 融资规模之最。2010 年，维萨的营业额达到沃尔玛的 10 倍，市场价值是通用电气的两倍，成了全球最大商业公司，世界上超过六分之一的人成为它的客户。

他就是维萨信用卡网络公司创始人迪伊 · 霍克，曾被美国《金钱》杂志评为“过去25年间最能改变人们生活方式的八大人物”之一。这位几十年挣扎在人生底层的超常思维大师，耗尽大半生时光，终于为他平凡的生命绽放出一道最绚丽的光彩，他独特的创业管理理念——“问题永远不在于如何使头脑里产生崭新的、创造性的思想，而在于淘汰旧观念”，正激励着一代代创业者走向成功。

霍克耗尽大半生时光，终于摆脱了毫无意义的前半生的生活，为生命迎来了新的开始。机会是给能够把握住它的人的，当机会来临时，你需要做的是摒弃之前那些无意义的坚持，勇敢地去开拓新的人生！

放弃无意义的坚持

《战国策·魏策四》中讲述了这样一个故事：有一个魏国人，要从魏国到楚国去，在准备出发之前，他做了十足的准备，带了很多的盘缠，雇了上好的马车，使用上等的骏马，还聘请了驾车技术十分精湛的车夫，但是，在上路之后，这个人却不问青红皂白便指挥马夫一路向北疾驰而去，他根本就不知道自己要去的楚国是在魏国的南面。

在路上，有路人见他行路匆忙神态焦急，便问他要往哪儿去。这个人大声回答说："我要去楚国！"路人告诉他说："楚国在南边，到楚国去应该往南方走啊，你这是在往北走，方向不对。"他却满不在乎地说："没关系，我的马快着呢！"路人替他着急，便一把拉住他的马，阻止他说："方向错了，你的马再快，也到不了楚国呀！"他却依然毫不醒悟地说："不要紧，我带的路费多着呢！可以花上好几年。"哭笑不得的路人极力劝阻他说："虽说你路费多，马跑得快，可是你走的不是正确的方向，你路费再多也只能白花呀！"说到这儿，这个一心只想要快点到达楚国的人有些不耐烦了，大声说："这有什么难的，我的车夫赶车的本领高着呢！好了，别碍事了，放开马车，我们还要赶去楚国呢，快让开！”路人无奈，只得松开了手，眼睁睁看着这个盲目上路的魏国人一路向北越走越远了。

故事到这儿就结束了，可以肯定的是，只要不纠正方向，这个魏国人终其一生也到达不了楚国。

这就是著名的南辕北辙的故事，故事中的那个魏国人，不听别人的劝告，仗着自己的马快、钱多、车夫技术好等优越条件，朝着相反方向一意孤行。可事实上，就算他的准备再充足，物质条件再好，也对他到达目的地没有任何帮助，因为，一旦方向错了，他就只会离目的地越来越远。方向错了，前进就是倒退！

不知大家有没有感觉到，这个魏国人的行为特别像一只横行的螃蟹，眼睛望着前方的目的地，八只脚却一味向着左右快速前行，心中焦急万分，前方的目的地却永远可望而不可即。虽然准备充分不畏奔波，但实际上只是做了一些无用功而已。

现代许多人都把南辕北辙的故事当成一个笑话来看，殊不知，类似的经历其实每个人或多或少都会遇到，比如，记不记得年轻时不顾家人师友的劝告，一意孤行寻找自己所谓的自由与辉煌；记不记得遇到挫折时总喜欢找各种理由搪塞回避，不愿承认错误，结果一错再错；记不记得曾经有多少次自以为是，将重要的工作搞砸；记不记得曾经有多少次口无遮拦，不经意间得罪了真心对你好的同事与朋友，最后后悔莫及。

南辕北辙的故事告诉我们，无论做什么事，都要首先看准方向，再充分发挥自己的有利条件。如果方向错了，即使再有利的条件也只会起到相反的作用，前进就会变成一种后退。而且，人生中的方向并不像故事中所说的去楚国这么简单，在人生道路中，通往成功的道路上总会有各种各样的荆棘，而且每个人的螃蟹脾性也会不时发作，驱动着双腿一味横行，偏离了未来的方向，即使这样也不愿停下来思考一下，最终导致人生的失败。

没有正确的方向，错误的坚持只会起到相反的作用，再崇高的理想也会越行越远，再优厚的物质条件也会被浪费殆尽，起点再高的人生之路也会越走越低，只有果断放弃这些无意义的坚持，重新找回正确的方向，人生才能重新看到希望与光明。

考零分进北大的罗家伦

在中国，国学大师钱钟书数学考了零分仍被清华大学录取的故事一直被传为美谈，但事实上，当时钱钟书的数学成绩是 15 分，虽然仍是惨不忍睹，但绝不是零分。不过这个零分故事倒也不是空穴来风，其实，故事的真实主人公正是力排众议破格录取钱钟书的时任清华大学校长罗家伦，而那个慧眼识珠录取罗家伦的则是另一位文学巨擘胡适。

1917 年夏，北京大学来到上海招生，21 岁的罗家伦满怀忐忑地参加了考试。出身于书香门第的罗家伦自小便熟读四书五经，后来又进入复旦公学就读，是校园中小有名气的文学青年，同时，他还极具进步思想，18 岁时就写下了慷慨激昂的文字：“若欲以二十世纪国家的主人翁自恃，必须有春日载阳、万象昭苏之概：切莫暮气沉沉，气息奄奄。一定要努力成为新学生，切莫沦为陈死人。”

但是，在文海中尽情遨游的罗家伦又对数字极不敏感，数学超差。由于家境优越，他甚至连平日的生活买卖都是由家人打理，看到枯燥的数字便会头疼，这也是他参加北大招生考试最大的短板所在。

幸运的是，如同 12 年后钱钟书遇到了罗家伦，当时，刚从美国归来的胡适担任了罗家伦的阅卷老师。在阅卷过程中，胡适一看到罗家伦的作文惊为天人，他一边读一边情不自禁地叫好，被作者酣畅淋漓的文笔与闪烁智慧的见解所深深折服，最后毫不犹豫地给了满分。然而，当他查看这名考生的其他各科成绩时，禁不住大失所望，罗家伦数学竟然考了零分！按照北大规定，有一科成绩不合格就不予录取，更何况是考了零分。

胡适当时只是北京大学一个普通教授，但他实在不愿放弃这样一个人才，决定尽全力帮助罗家伦进入北大。几天后的招生会议上，胡适说："有个考生的作文写得非常好，我给了满分，我希望这样的人才能被录取到北大来学习。"但是，招生委员会的委员们在得知罗家伦数学考了零分之后，都纷纷表示反对，面对一片反对声，胡适慷慨陈词，从人的各尽其才讲到教育的社会意义，逐一反驳了众人的观点，上演了一场真实版的"舌战群儒"。最后，主持会议的北大校长蔡元培表态，支持胡适。于是，考了零分的罗家伦被北大破格录取了。

进入北大的罗家伦不负众望，刻苦学习，积极参加爱国运动，后来更是被任命为清华大学的校长。

其实，学术之所以要分类，就是为了人尽其才。爱因斯坦当运动员跑不过普通人也不能否认他是天才的事实，因此不应该用分数的门槛扼杀了人才。

破格录取的最美妙之处就是打破常规，开拓创新，如果一味坚持固有的录取方式，估计世界就会少了许多泰斗级的大师。

第二章

坚持不意味着因循守旧，与众不同的道路成就与众不同的人生

坚持走别人走过的路，固然安全平稳，

但也大大降低了脱颖而出的概率，

细细观察那些获得成功的人，往往都是走了一条与众不同的道路。

生日蛋糕上的辞职信

31 岁的克里斯·霍姆斯是英国斯坦斯特德机场边防部的一名移民官员。虽然他每天都兢兢业业地工作，但在内心深处，他却并不喜欢这份工作，移民官员工作虽然固定而且收入不菲，但却缺少创造性，这让个性开朗的霍姆斯很不适应。事实上，他一直有着一个梦想，那就是成为一名蛋糕烘焙师，制作出各种各样漂亮并且好吃的蛋糕。

这个梦想源于他童年时对蛋糕的喜爱，在剑桥郡出生长大的霍姆斯几乎尝遍了全郡所有的蛋糕店，那些千奇百怪的美味蛋糕伴随着他的成长。成年之后，霍姆斯进入大学攻读工商管理学，但他一直利用业余时间学习烘焙蛋糕，梦想着有一天能够亲手做出那些美味的蛋糕。

2005 年，23 岁的霍姆斯大学毕业进入机场边防部成为一名移民官员，领到第一笔薪水之后，他立刻把所有制作蛋糕的设备购置齐全，在精心准备之后，他烘焙出了自己的第一份蛋糕。当飘着淡淡香味的金黄色蛋糕出炉时，霍姆斯内心的喜悦简直无法言喻，相对于成为一位移民官员乏味，他更加喜欢制作好美味蛋糕后的喜悦。

在以后的日子里，霍姆斯一面工作一面继续制作蛋糕，渐渐地，他的烘焙技术越来越高，制作的蛋糕不仅十分精美，味道也异常可口，朋友同事纷纷找他制作蛋糕，许多蛋糕加工店也找到他，希望他能兼职到店中制作蛋糕。

此时，霍姆斯有了辞去工作当全职蛋糕烘焙师的念头，但他这个想法却遭到了家人朋友的一致反对，因为移民官员的工作薪水不菲并且受人尊敬，在英国是有“绅士”范儿的工作，而蛋糕烘焙师的社会地位则要低很多。霍姆斯陷入了焦虑之中，一边是美好却不被祝福的理想，一边是呆板却受人推崇的现实，他不知道应该何去何从。

2013 年 2 月，霍姆斯的儿子出生了，可那段时间霍姆斯却因为工作繁忙无法照顾家庭，这让他非常懊恼。有一天，工作很晚的霍姆斯回到家里，看着襁褓中的儿子睁着大眼睛好奇地盯着自己，他突然想起自己童年时就许下的愿望，刹那间，他有了决定。

4 月 15 日是霍姆斯的生日，这一天，他早早就起床开始为自己制作生日蛋糕，这是一个具有非凡意义的蛋糕，因为，霍姆斯决定把自己的辞职信写在蛋糕上面。下午，他把制作好的蛋糕寄到了斯坦斯特德机场边防部的管理处。

管理处的官员打开包装盒，看到了这个别具一格的白色冰皮蛋糕，蛋糕散发着甜甜的奶香，上面写着一封特殊的辞职信：今天是我的 31 岁生日，最近我刚刚当了父亲。我意识到人生是多么的珍贵，花时间去做一些让我和其他人高兴的事情是很重要的。因此我决定辞职，我能全身心投入到我的家庭和我在过去几年已经发展得很稳定的蛋糕事业。我祝福我的公司和同事。爱你们的克里斯·霍姆斯。

看到这封别致的辞职信，管理处的官员们先是错愕，随后都笑了起来，他们纷纷给霍姆斯打去电话，表示尊重他的选择，并祝福他未来一切都好。霍姆斯的妹夫杰克逊把这个辞职蛋糕的相片发布在了网络上，几小时内就得到了大量网友的关注和积极评论。人们一致认为，霍姆斯的勇气与选择值得赞誉，因为适合的才是最好的，这一点与金钱、面子都没有关系。追求理想爱护家庭的霍姆斯显得更加真实也更加令人尊重。

霍姆斯说，网友对他的“辞职蛋糕”的积极评价令他深受感动，他之所以把辞职信写在生日蛋糕上，就是激励自己要有勇气开始一段新的人生，他一定会把自己的蛋糕事业做好做大，用理想的力量成就自己的新生。

“恶搞”出来的商机

陈静是个调皮的女孩，上学时，她常常捉些小虫子放在胆小同学的抽屉里，把人家吓哭，老师批评，父母打骂，可陈静依旧喜欢“恶搞”。2002年，陈静大学毕业，在一家小报当记者，她喜欢“恶搞”的爱好不仅没变，而且还变本加厉。不久，因为太喜欢“恶搞”，她被老板狠狠骂了一顿，丢了工作。

失业的陈静心情坏透了，整晚失眠，百无聊赖之下只得打开收音机，突然，她听到收音机里谈起了恶作剧，当主持人说到“在某种特定的环境中，搞点小恶作剧有助心情放松，使人欢畅大笑”时，她心里一动：看来恶作剧只要搞得妙，说不定还能赚钱呢！城市到处都有酒吧网吧，不如我就开间笑吧，专卖恶作剧！

陈静的“开心笑吧”小吃坊很快开张了，门口的招牌上印着几行大字：凡进本吃坊的顾客，只要讲一个无伤大雅的有关恶作剧的笑话，或者做一个恶作剧，逗大家开怀大笑的，就将免费提供饮料和食品！

这个奇特的招牌和装修清新浪漫的小吃坊很快吸引了许多顾客。开业第一天，一对男女来到店里，男青年笑眯眯地说：“请大家跟我朗诵一首诗好不好？‘暗石竹，暗石大春竹’。”众人不明所以，跟着他读了起来，读完后才恍然大悟，原来男青年说的是：“俺是猪，俺是大蠢猪！”大家乐坏了！男青年和他的女朋友有了一顿免费的丰盛午餐。见此情景，许多人跃跃欲试，但大部分顾客现场发挥不太好，只能乖乖掏钱。一个月后，陈静盘点了一下，竟然净赚了 8000 元！

随着小店的红火，陈静的灵感也多了。她想，既然这些恶作剧笑话那么逗人欢笑，如果把它们收集起来改编成笑话或短信息，投给一些有此需要的报刊或网站，是不是也能创造效益呢？从此，陈静每晚整理白天顾客自编的恶作剧笑话，然后寄给全国各地的报纸杂志，没想到采用率极高，而且每条最少有 10 元稿酬。半年后，陈静从中获利两万多元。她喜滋滋地想，真有意思啊，恶作剧也能帮自己赚钱！

其实，恶搞不但能赚钱，还能带来爱情。一天，一个小伙子来吃饭，点了一份午餐。陈静捧着一盘红辣椒、油条和螃蟹过来了。小伙子说：“这午餐怎么这么特别？”陈静笑嘻嘻地说：“我看你的鼻子像老油条，眼睛像红辣椒，眉毛像两把刀，走起路来两边倒，好像螃蟹要昏倒！就把这份午餐送给你吧！”小伙子笑了，他问陈静：“如果我是骑马的，你可以叫我‘马夫’；如果我是驾车的，你可以叫我‘车夫’；如果我是管账的，你又该叫我什么呢？”“账夫！”陈静一喊出，马上觉得不对劲，脸一下红到了脖子根！

小伙子叫刘奇，也是个恶搞高手，两人在“恶搞”中渐渐眉目传情谈起了恋爱。不久，刘奇辞了工作过来给陈静打工，专门收集客人自编的恶作剧，当收集了满满一本后，刘奇突发奇想地说：“咱们可以出书了呀！”陈静马上响应。这本书出版后，销售量一路飙红，给两人带来了不菲收益。

2006 年，两人结了婚，并在丽江开起了第三间“开心笑吧”小吃坊。丽江游人如织，当地环境和气氛也十分适合开这种玩乐性质的小店，每天进来消费的人络绎不绝。到了 2010 年 6 月，两人的总资产已达到 270 多万元。

看似毫无商机的“恶搞”让陈静淘到了人生的第一桶金，她的故事告诉我们，留心处处皆学问，被人们忽略的地方往往就藏着财富，抛开因循守旧，利用创新思维，发挥自己的长处，就能找到用武之地。

“热舞交警”的成功秘诀

现年 55 岁的拉米罗·伊诺贾斯是菲律宾首都马尼拉的一名普通交警，但他在当地的知名度却堪比一线演艺明星，市民们亲切地称他为“热舞交警”“马路舞神”。他拥有为数众多的粉丝团，这不仅是因为他管辖地区的交通事故率极低，还因为他那独一无二的工作方式。

每周 7 天，无论阴天下雨还是艳阳高照，伊诺贾斯总会按时站在他负责的马卡帕加尔大街的十字路口，在一片嘈杂的喇叭声中，他边跳舞边面带微笑指挥交通。为了引起司机注意，他还经常更换各色服装，有时穿得像猫王，有时则模仿迈克尔·杰克逊，最近他还换上了圣诞老人的红衣红裤，戴上酷酷的墨镜，贴上白胡子，以“圣诞版”舞蹈指挥交通。

伊诺贾斯萌生出这种指挥交通的方式源于三年前的一次交通事故。那天正好是他值班，正午时分，他正尽职尽责地指挥着交通，突然，一辆客车疾驰而来，就在他面前撞死了一个可爱的小女孩，后来，调查得知是因为司机午后驾驶时犯困注意力不集中导致了事故。面对这悲惨的一幕，伊诺贾斯陷入了沉思，他想，当时自己的指挥没有错误，但显然没有引起司机的注意，传统的指挥方式呆板无趣，许多司机根本视而不见，而且交警总是板着脸，导致司机与交警的关系变得很差，如果能换一种更亲和更引人注意的方式指挥交通，可能会取得较好的效果。

恰好这时，伊诺贾斯的小儿子迷上了街舞，并邀请伊诺贾斯观看演出。节奏感十足的街舞表演让伊诺贾斯眼前一亮，他想，如果用舞蹈的方式指挥交通，会不会让司机眼前一亮呢？如果跳舞时自己始终面带微笑，是不是会让司机感到和蔼可亲呢？

伊诺贾斯想干就干，立刻开始学习舞蹈，并于 2010 年 1 月正式开始“热舞交警”的指挥生涯。路人和司机对这种指挥方式很是欢迎，但同时，他的行为也引起了广泛争议，有政府人员指责他不穿制服，违反交通警察法则，并进行了投诉，为此，伊诺贾斯受到了处分，不得不停止跳舞，改为传统的指挥方式。

但令人始料未及的是，这时，伊诺贾斯的粉丝们不愿意了，数以千计的司机和市民跑到市政府请愿，并罗列了伊诺贾斯近半年来通过热舞指挥交通的工作成绩。面对超低的交通事故率，市政府最终妥协了，伊诺贾斯得以继续他的马路热舞。

得到公众认可，伊诺贾斯的热情更高了，他说：“我的目标是研究一种非同寻常的交通指挥方式，最终我选择了舞蹈，我把它们融入日常交通指挥中，效果非常好，人们心情变得放松，而且注意力高度集中，避免了交通事故的发生。而且，我始终面带微笑，这极大缓解了司机和交警的紧张关系，现在我们都是好朋友。”

事实也正如他所说，路过的司机们都非常喜欢这个微笑着跳舞的老交警，并以按喇叭的方式向他表示感谢，有的人还会到附近的商店给他买来水和食物，或是干脆留下现金。公交车司机涅托是伊诺贾斯的铁杆“粉丝”，他每天要开车经过这个路口十多次，他说：“每当看到伊诺贾斯，我都会眼前一亮，疲惫一下子消失了，他真是太帅了！”

其实，伊诺贾斯的成功秘诀很简单，他从未将自己的个人利益放在首位，而是一切都是从如何做好工作、如何服务好公民入手，并且抛弃了原有的交通指挥方式，不一味地坚持枯燥无味的方式，毅然选择用跳舞的方式来指挥交通，大大降低了交通事故率，还让自己成了“明星”！

布丁酒店不浪费

提起酒店经营，业界似乎有一个共识，那就是不断增加的可用空间与服务项目是一个酒店能否发展壮大的关键所在。但是，诞生于杭州的布丁酒店却反其道而行之，用持续的减法战胜了竞争对手。短短五年多时间，布丁酒店在全国已经拥有 200 多家门店，拥有 500 多万会员，创造了一个酒店行业的神话。

浙江人朱晖是布丁酒店的创始人，2007 年 12 月，当他准备进军酒店业时，便订下了为酒店做减法的思路。他认为，时尚的生活理念，就是环保、适度、理性的生活方式，而实现这种理念的方式就是做减法。

布丁酒店首先减掉的，就是客房面积。与经济型酒店 20 平方米左右的客房相比，布丁酒店的客房只有 8-12 平方米，最小的客房仅有 5 个多平方米，但是小小的空间里不仅包括洗手间，还有床、桌子和电视，免费 WIFI 更是全部覆盖。这种时尚且有些另类的布置，大大迎合了当下年轻人的口味。

第二个减掉的，是成本与价格。由于客房面积小，投入成本和运营成本相对减少。朱晖是个非常仔细的人，他发现许多中老年人有离店时扫光所有一次性用品的习惯，但是很多年轻人不会，便在酒店开张时减少了一次性用品的配备。接下来，他一鼓作气，除了取消餐饮、娱乐设施、“六小件”、保险箱、熨斗外，还取消了拉手、浴室门等，但与此同时，留下来的物品却都保持了最佳配置，西班牙洁具、超薄液晶电视和宜家家居，以及大堂里公用的苹果数码产品等硬件都超过了国内三星级宾馆的标准。

成本降低之后，布丁酒店的入住价格也得到了降低，房间为每夜 95 元到 150 元不等，比如家、汉庭等传统经济型酒店平均房价低 30%，价格优势更是吸引了许多中低收入客户的目光。

最后一个减掉的有些可笑，布丁酒店竟然还减掉了客户群体。朱晖给酒店的定位就是给年轻人的，所以一切配置都为迎合年轻人，这在无形中减去了一部分中老年人客户。

朱晖非常了解年轻人，他说：“随着生活条件的提高和消费观念的进步，现在的年轻人已经认同了适度就好的观点，比如他们去自助餐厅不是先饿三天，再吃到扶墙而出。我对时下年轻人消费观念有了很深的了解，我的酒店就是给他们住的。”

虽然酒店定位给年轻人消费，但随着酒店日渐红火，一些中老年人也主动来到了布丁酒店，而吸引他们的是酒店低廉的价格和高品质的服务。

减掉了面积，减掉了成本与价格，甚至还减掉了客户群体，这样一家另类的小酒店却一飞冲天，成了中国酒店业的新秀，更在2012年获得了风投5500万美元投资以及银行3亿元授信。

其实，梳理酒店的成长过程就会发现，它一直在按照朱晖强调的环保、适度、理性的理念发展着，在朱晖的经营下，酒店减的是成本，是价格，但绝不是品质。风投公司的眼光毋庸置疑，他们看到的不是布丁酒店的小巧与低廉，而是布丁酒店开启了新的酒店理念，在这种理念引导下，小巧与低廉也成了一种时尚因素。

从某种意义上来说，布丁酒店经营的其实并不是坚持传统的营销产品，而是一种创新时尚的生活理念。试问一下，价格低廉而服务品质一直在提升，而且非常时尚与舒适，这样的酒店怎么会不受欢迎呢？

把家具店开到顾客家里

英国伦敦是出了名的寸土寸金。因为地价太高，一些销售商把店面开在远离城市的郊区，这其中首当其冲的是家具业。家具所占空间大，且不是日用品，所以家具店都远离市区。对伦敦人而言，购买家具是一件苦差事，他们要忍受一两个小时的乏味车程，还要忍受高得离谱的家具价格，让人怨言不断。

生活在伦敦的华人小伙李宁也曾深受其苦。有一次，他看中了一款沙发，一看价格却高达 3000 英镑，正当他准备咬牙买下时，一位朋友打来一个电话，当朋友得知他正在为买一款沙发而苦恼时，不禁大笑起来，原来，生产这款沙发的工厂正是朋友的家族企业。

朋友告诉李宁一个惊人的秘密，这款沙发的出厂价格只有 250 英镑，如果直接从厂家买，只需要付一笔托运费就行了。李宁大喜，他直接从朋友手中购买了沙发，省下了一大笔钱，而这次经历也引起了他对家具市场的兴趣。

他想，一件家具从工厂到顾客家中，中途有很多中间商参与，价格被不断抬高，如果能将顾客直接与生产商联系起来，应该生意会很好。可是怎样才能抛开中间商，把家具店“开”到普通人家中呢？李宁想到了电子商务。近年来，随着网络发展，电子商务无孔不入，众多行业都披上了互联网的外衣，而家具业是互联网尚未染指的少数行业之一。

2010 年夏天，李宁创办了 Made.com，开了网上卖家具的先河。这个网站使用很简单，客户只需注册一个账号，就可以下订单。与传统公司相比，公司最大特点是生产什么产品全由顾客决定，这也是李宁深思熟虑后的结果。那些财力雄厚的家具公司会雇佣自己的采购员，前往世界各地的家具博览会购买设计，而李宁的网店负担不起如此巨额的开销，索性将设计选择权交给消费者，让他们自己选择家具，每个月，公司都会在网站上公布一批新样品图，让网友投票，得票高的产品会被纳入产品库，并向消费者开放订购。

公司开张两个星期，市场反应平平，一天只能接到一两个订单，这让李宁捏了一把汗，他决定在一些知名的社交网络上做广告，这个举措立竿见影，不久，人们开始谈论这家独特的家具店，订单开始像潮水一样涌来。

公司的销售流程也非常简单：顾客选择产品后下单，每个礼拜李宁将订单汇总，将它们交到生产商手中，按照需要的数量和类型进行生产，产品生产完成后运往英国各地，顾客能通过网站查看货物运送的路径，追踪货物。货物抵达后，公司会与客户约好时间，送货上门。

李宁说：“通过这种方式，我们就不需要仓库，节约了大量成本。如果顾客从一家实体店购买一套家具，中间涉及的人包括生产商、货运商、批发商等，消费者可能要为此多支付 2000 英镑，但如果直接从 Made.com 上购买，只需要支付 550 英镑。”

巨大的价格差和过硬的产品质量让李宁的网店风生水起。经过一年发展，现在每月有超过 50 万人浏览网站，公司每天能销售一集装箱家具，月利润高达 60 万英镑。在公司官网上，众多造型新潮价格低廉的家具琳琅满目，橘子般的沙发椅、蜂巢形的书架、链条状的茶几、波浪形的储物架……应有尽有，消费者足不出户，便能购买到心仪的家具，

李宁的成功其实并不复杂，他开创了新的购物方式，一切都替顾客着想，让顾客省时省力又省钱。试问，有哪一个顾客会对这样的商家说不呢？

玩游戏抓罪犯

玩游戏一向被视为不务正业，特别是那些拿着智能手机边走边玩的年轻人，常常会被贴上无所事事的标签。但是最近，波兰警方却高调推出了一款智能手机游戏，鼓励人们利用业余时玩游戏，当然，这些警察绝不是不务正业，事实上，这款游戏是他们为搜捕嫌犯而设计的秘密武器。

这款名为“最高通缉”的游戏操作很简单，类似于升级版的连连看，要求玩家在规定时间内将通缉令上的照片进行一一匹对连接，获得高分从而得到积分奖励。值得注意的是，通缉令上的相片都是货真价实的罪犯相片，玩游戏时高度专注的精神状态让玩家在不知不觉中就记下了这些罪犯的模样，这样每位玩家都成了警方的线人。如果玩家发现了犯罪分子，他们可以立刻通过游戏给警方发送电子邮件。

很快，第一名嫌疑犯落网了。这个名叫瑞比克金斯基的惯偷多次出没于华沙知名的商铺与普通人家，偷窃了大量财物，虽然警方通过监控录像确定了他的长相，但由于此人极其狡猾并且经常易容作案，所以一直没有落网。在“最高通缉”游戏上，此人的相貌与身材均被做了重点介绍，并且游戏中他的分值设置很高，这引起了玩家的重视。很快，一些具有此人特征的嫌疑人信息被玩家反馈给警方，警方经过认真分析比对，终于发现了真正的罪犯并且一举将其抓获。

初战告捷让警方大为满意，他们安排专人负责游戏的升级工作，负责将更多的罪犯信息添加到游戏之中。事实上，波兰警方选择手机游戏这种形式也是经过市场调查的。据统计，2013 年初，波兰全国约有 600 万部智能手机，而年底这个数字将超过 1300 万部。正是看到了智能手机网络的普及性与巨大信息量，警方才决定利用这方面的有利条件，将追捕罪犯的责任分解给全国公民，使人们参与到搜索被通缉的重要罪犯这个难题之中。同时，波兰公民的正义感很强，通过居民提供线索而落网的通缉犯相当多。据统计，每年大约有五分之一的罪犯是由居民提供信息而被拘捕的，而在这款游戏推出后，这个比例得到了明显的提高。

波兰警方负责“最高通缉”游戏开发的警官皮奥特兴奋地说：“目前在波兰大约有 36000 名被通缉的罪犯，差不多其中的半数被公开通缉。在游戏上线之后，我们已经获取了上千条有效信息，我们相信，随着游戏的广泛流行和玩家数量的增多，一些隐藏极深的危险罪犯也将会浮出水面。”

立竿见影的效果让人们对于游戏开发商也刮目相看，改变了一直以来游戏公司只专注于挣钱而缺乏社会责任感的印象。作为这个绝妙创意的实践者，恒美公司华沙移动委员会顾问米隆纽科自豪地说:“我们用最危险的罪犯面容代替了孩子气的图画，让大家对危险记忆深刻。玩家除了可以得到积分，还获得了成为英雄的机会。我高兴地看到，游戏上线仅仅两天，点击率就已经超过 3000 次。”

目前，“最高通缉”作为世界上第一款抓捕罪犯的游戏软件已经在安卓和 ios 系统上使用，恒美公司也计划与全球各国警方合作，在全世界范围内推出类似的游戏，共同打击犯罪行为。

将手机游戏与现实生活无缝对接，变无所事事不务正业为勇担责任抗击罪犯，可以说，“最高通缉”游戏探索出了一条私人娱乐与社会责任的共赢之路，起到了事半功倍的效果，体现出了网络时代管理者与时俱进的高超智慧。

请你上“床吧”

如果有个漂亮女孩对你说，请你上“床吧”，你会做何感想呢？是落荒而逃还是饶有兴趣地听听下文？但是，无论你做出哪一种选择，这个女孩都会让你印象深刻。而当你明白了她所说的“床吧”的真实含义并且尝试了，你一定会会心一笑并且成为她的常客。

这个女孩名叫郑丽，她在上海有一家独一无二的床吧。在店里没有桌椅，全是大小不一各式各样的床，大胆鲜有的经营项目让她年纪轻轻就成了富裕的小老板。

其实，开“床吧”的创意纯属偶然。2006 年，郑丽参加公务员录取考试失败了，她心情十分沮丧，便独自一人到西安散心。在当地的“农家乐”饭馆里，她见到一张独特的大炕，它不仅是用来休息、睡觉的床，在上面放上一张短腿小炕桌，就又成了吃饭、会客的地方。

见到这张多功能床，郑丽突然想起在网上看到的“床吧”的故事：法国国王路易十四来到一名平民女子的家里做客，可女子家里太穷了，连一张桌子都没有，这时女子急中生智，把饭菜摆在了床上，于是二人在床上享用了甜蜜浪漫的一餐，路易十四对这种用餐方式非常喜欢，便命人制作了一张既可以休息又可用餐的床，后来民间纷纷效仿。

郑丽想，床象征着温馨、随意、舒适，如果在生活节奏快的上海开一家“床吧”，会受欢迎吗？回到上海，她把这个想法告诉了朋友，大家都觉得十分有趣，有一个爱开玩笑的朋友还学了一段广告语表示支持：“站没站相，坐没坐相，我说身体喜欢才是真的喜欢。”听了朋友们的话，郑丽坚定了开“床吧”的信心。

2007 年 2 月，郑丽的“床吧”开业了。“床吧”里用格子木架隔成大小不一的包间，靠过道一侧是一扇活动门，每间都配有拖鞋、矮桌、床毯等设施，这种设计能让顾客充分感受到无拘无束的独特魅力，或坐或卧，或吃或玩，一切随意，这种新鲜的创意很快吸引了许多顾客。

然而，正当郑丽为生意火爆而高兴时，外面却谣传“床吧”经营不正当生意，有一些客人在床上做不规矩的事，“床吧”生意一落千丈。郑丽想，要扭转人们对“床吧”的不健康联想，就一定要进行改造，突出“床吧”的经营特点。于是，她把包厢的全封闭结构改为半封闭，如此一来，既尊重了顾客的隐私要求，又增加了“能见度”，这一改进让谣言不攻自破。生意自然又好了起来。

虽然生意很好，但郑丽一直坚持对“床吧”功能的探索。有一天，一个顾客对她说：“我很喜欢这儿舒适温馨的环境，特别是这张床，躺在上面喝咖啡，比在咖啡厅享受多了。”这番话给了郑丽启发。以前，她一直将“床吧”定义为餐厅，每天经营中午和晚上两个时间段，却忽略了床的最大魅力在于休闲，于是她将“床吧”重新定义为休闲场所，同时提供餐饮服务，收费改成以小时计算，食物和酒水另计，她还在门口挂上了新的宣传语：“床是最好的休憩之地，床吧——像家一样温馨，比家更随意。”这一举措令“床吧”的营业额得到了大幅提升。

如今，在“床吧”里，人们可以与爱人共享晚餐，可以拉上三五好友共度休闲时光，多年不见的老同学可以在床吧里挤在一张床上重温当年住集体宿舍的感觉……床的功能被充分挖掘出来，人们也把对床的依恋带到了“床吧”里，郑丽自然也赚了个盆满钵满。

流行歌星当总统

2011 年 4 月 4 日，米歇尔·马尔泰利当选海地新一届总统。引人瞩目的是，马尔泰利并非传统意义上正襟危坐不苟言笑的政治人物，恰恰相反，他以夸张假发、苏格兰呢裙的舞台形象和带有政治味的海地孔帕音乐走红歌坛，是一名极受欢迎的流行歌星，被称为“甜蜜米奇”。那么，他是如何从一名流行歌星成为总统的呢？

马尔泰利 1961 年出生在海地首都太子港一户富裕家庭，他性格外向乐于助人，从小就表现出极高的音乐天赋。高中毕业后，马尔泰利进入军事学院学习，但生性自由的他很快因违反校纪被开除，退学后的马尔泰利第一次开始思考制度与公民的关系，这也促使他决定移民美国。

在美国，马尔泰利进行了系统的音乐学习，音乐素养不断提升，同时，美国的自由民主思潮也深深影响了他，虽然身在美国，他也一直关注着祖国，海地动荡的政局让他常常担心不已。1987 年，他不顾家人反对，毅然回到了海地。

最初，马尔泰利想用音乐给灾难深重的海地人民带来欢乐，他选择了海地传统艺术康巴斯。康巴斯是海地独有的音乐品种，素有

“海地的弗拉门戈”之称，马尔泰利创作了十几张康巴斯舞曲专辑，在将康巴斯发扬光大的同时，他也成为家喻户晓的流行歌星。

促使马尔泰利参加总统选举是因为一件小事。在一次演出时，他目睹了几名忠实歌迷被粗暴的警察强行带走，而罪名却是莫须有的“妨碍公共安全”，当他为歌迷据理力争时，竟然受到了几个警察的公然索贿。这件事让他深深意识到，海地国内的腐败与体制的弊端已经到了不可救药的地步，而仅用音乐已经无法改变祖国的现状，也不会给同胞带来真正意义上的幸福。

2010 年 11 月，49 岁的马尔泰利宣布参加总统竞选。此时，他已是 4 个孩子的父亲，并且没有任何从政经验，但他在选举中表现很出色，充分利用流行歌星的身份，将自己的政治主张音乐化。见惯了政治的枯燥与肤浅的海地选民很快被吸引了过来，而在竞选期间，他打出的消除腐败、推行改革等“变革牌”，更是赢得了海地年轻人的极大支持。

但是，第一轮投票结果却让人大跌眼镜，马尔泰利列三名候选人的最后一名。投票结果公布后，海地几大城市相继发生大规模抗议活动，抗议者指责执政党徇私舞弊。迫于压力，2011 年 1 月，团结党候选人塞莱斯廷退出了竞选，马尔泰利进入了第二轮角逐。

经过第一轮投票风波，第二次投票过程被要求必须公正有序。2011 年 4 月，海地选举委员会公布了第二轮投票初步计票结果，马尔泰利以压倒性优势击败了另一候选人马尼加。

虽然赢得了选举，但马尔泰利并未因此骄傲自满，他坦然承认曾经吸食可卡因，但目前已经成功戒毒。此外，反对派质疑他从政“零经验”加上不羁的个人形象无法胜任总统职务，但马尔泰利并不在意，他公开宣布了自己的工作计划，半年内将着手处理海地亟待解决的问题：第一要务是帮助地震灾民走出帐篷，并采取措施应对霍乱、发展农业，然后是清除腐败、改革民主制度等。

马尔泰利说：“我们需要变革消除腐败，让司法系统正常运转，强化政府职能，让警察各司其职，我们需要重塑政府形象，让人民安居乐业，对此，我充满信心！”

流行歌星能当选总统，正是因为他有一颗深爱祖国的赤子之心和为同胞谋福祉的高尚情怀。

酷酷地去挣钱

1982年，在比尔·盖茨创立微软7年后，斯科特·麦克尼利创办了“斯坦福大学校园网”，简称Sun。20年之后，他的公司一跃升为全球最大的UNIX系统供应商，位列《财富》500强。

生活中的麦克尼利是个“酷酷”的人，他说：“我为一家很酷的公司工作，有很酷的产品，还会做很酷的事情。”

他的个性也决定了他的成功注定会与众不同。29年来，麦克尼利一直以挑战者和创新者的面目出现，作为“挑战微软联盟的领袖”，他与微软斗争了15年，一直号召人们为“拥有更多选择”而战，他还率先提出“网络就是计算机”的独特理念，始终使Sun保持不倦的创新者形象。

“没有选择，就没有竞争。没有竞争，就没有创新。没有创新，你也就什么都没有。”他最喜欢说的这句话表明了他作为“IT斗牛士”的力量来源。2001年，在接受《商业周刊》专访时，麦克尼利发出了他那段著名的宣言：“现在我还不能退休。我第4个儿子就要出生了，我不想他将来生活在一个没有自由的IT世界里。”

工作中，麦克尼利从不会放过任何一个炮轰对手的机会，很长一段时间里，Sun 和微软的深仇大恨一直是人们津津乐道的话题。作为网络领域的领导者，麦克尼利对与他经历相似的比尔·盖茨坚持垄断的做法批评不断。他说："Microsoft 不共享，IBM 不共享，Apple 不共享，而我们一直遵守开放的承诺，促进多种选择，提供创新技术，让共享和沟通的技术进入标准化运行的过程。"

不过，当年的恩仇如今都已成历史。2004 年 4 月，Sun 和微软破天荒地达成合作协议，微软同意付给 Sun 高达 19.5 亿美金的"和解费"。"现在，我偶尔会与比尔·盖茨在洗手间相遇。"麦克尼利以轻松的玩笑来形容两家公司的"相逢一笑泯恩仇"。

虽然停止了与微软的争斗，但麦克尼利不会因此而停止战斗，他又找到了新的目标：IBM。

"整个 IT 业能提供全方位解决方案的'卡车制造商'只有 Sun 和 IBM，但 IBM 不洗车、不保养，也不能让卡车有效运行下去。"麦克尼这样来形容 IBM 在管理服务方面的"糟糕表现"，而他与 IBM 的斗争也就此开始并一直持续到现在。

作为"大萧条时期一代"的下一代，麦克尼利生活在一个和平的年代，生活中没有什么负面的东西，但也许正因为此，创新与迎接挑战的焦虑才能深入他的骨髓。

麦克尼利说："当你感到十分安全的时候，往往什么事情也做不成。几乎没有哪个 CEO 能够连续两年心安理得地在海滩上晒太阳。不安全感是我做事的动力，为了消除这些不安全感，我们必须做一些事来证明自己。”正是由于这种“不安全感”，Sun 公司才不断创新，也正是由于其不断创新，麦克尼利才有资格向微软和 IBM“叫板”。

酷酷的麦克尼利就这样几十年如一日保持着自己的个性，在 IT 界闯出了属于自己的一片天地，他也实现了自己“酷酷地去挣钱”的理想，为所有渴望成功的年轻人树立了榜样。

其实，只要坚定目标不断前行，再大的困难也会迎刃而解，而在这个过程中保持一份洒脱与个性，就会在无形中增加自己获胜的砝码。

垃圾的无限可能

堆积如山的垃圾总是让人心生反感，但是，在美国人汤姆·萨奇眼里，它们却是一些充满着无限可能的珍宝。在他眼里，人们随手扔掉的果汁包装袋可能会是一个铅笔袋，一张被丢弃的唱片可以变身为挂钟，糖果纸也可以变成漂亮的风筝。

现年 29 岁的萨奇是美国新泽西州地球循环公司总裁。这位总裁总是一副胡子没刮干净、邋里邋遢的模样，说话速度快得像机关枪，但他却被称为美国的“垃圾大王”。他的公司不像普通垃圾回收公司那样把垃圾粉碎、分解或制成浆再做成其他东西，而是收集各种废弃包装后，想办法让它们“重生”变成另一种商品。

萨奇在普林斯顿大学读一年级时，利用蚯蚓的排泄物制成了一种有机肥料，他认为其中商机巨大，便决定放手一搏。于是他从大学退了学，然后透支了所有信用卡，倾其所有，成立了地球循环公司。他用大型餐厅的剩饭剩菜养殖蚯蚓，并将蚯蚓的排泄物制成肥料出售，这种廉价又环保的绿色肥料一上市就大受欢迎。萨奇从“粪便”中淘到了人生的第一桶金。

资金充裕后，萨奇开始更多地思考那些被人废弃的垃圾的内在价值，最终，他把目光定格在那些造价不菲的食品饮料包装袋上。他发现，包装袋具有保温、防腐、不变质等特点，而且图案花俏，很适合进行二次利用。很快，他用果汁包装袋制作出一种造型别致而且经济耐用的铅笔袋，恰在此时，他听说在加拿大某处存放了2000万个回收的卡普里阳光果汁袋，这些果汁袋被压成一堆堆又粘又臭的垃圾块等待处理。萨奇立刻赶到那儿，说服加拿大官员把这堆可怕的垃圾交给了他，他将包装袋进行杀菌处理后逐一挑拣出来，然后通过简单的人工制作，将它们变成了一个个美丽的铅笔袋。这种创意十足独树一帜的铅笔袋上市后大受欢迎，而萨奇所付出的成本却只是金额很小的杀菌处理费和手工制作费。正是借助这种铅笔袋，萨奇一举奠定了“全美垃圾大王”的地位。

萨奇总是强调“自然界没有垃圾”，他也将这种理念作为自己公司的经营理念。在他不遗余力的推动下，公司员工也纷纷发动脑筋，开发出许多富有创意的新项目。在地球循环公司的办公室里，各种各样的垃圾都在经历着自己的“第二春”，例如，优酪乳瓶改造成花盆，零食包装袋做成浴帘等等。目前，公司85名员工制作的商品已多达200余种，并且全部顺利通过检测，许多已经在零售企业销售。

如今，萨奇公司的市值已经达到800万美元，并已进军墨西哥、加拿大、英国和巴西。因为眼光独到，公司所需原材料成本几乎为零，而且因为行业的独特性和超低的价格，公司在市场上几乎没有竞争对手，发展始终一帆风顺。

在萨奇的努力下，那些花花绿绿的垃圾都变成了花花绿绿的钞票。试问如果萨奇也坚持着人们对垃圾的固有认识，还会有现在的成功吗？抛弃对垃圾的固有认识，让垃圾变废为宝，而让它们之间画上等号的正是萨奇那颗不断创新的心灵和那双善于发现的眼睛。

流浪汉成为气象先生

在世界各地的电视节目里，《天气预报》都是观众最关注的节目之一。为了提高收视率，让观众看着舒服听得仔细，电视台总是找一些美女或是帅哥充当气象预报员，但是最近，罗马尼亚一家电视台却请来了一位特殊的气象预报员，他竟然是一位露宿街头无家可归的流浪汉。

这名流浪汉名叫阿布拉姆，今年 42 岁，过去十年间一直在布加勒斯特的街头流浪，过着风餐露宿食不果腹的日子。2012 年冬天的一个晚上，阿布拉姆正在一个街角冻得瑟瑟发抖，一个人突然来到他的身旁，轻轻地为他盖上了一条毯子，阿布拉姆向这个好心人投去了感激的目光。那人自我介绍说名叫帕吉特，是萨奇柏林广告公司的创意总监。他说他的公司正在制作一档名为《希望之日》的节目，希望阿布拉姆能够加盟。

听说有工作可干，阿布拉姆喜出望外，他立刻直起身子，和帕吉特交谈起来。阿布拉姆得知，《希望之日》以前是一档以天气预报为主要内容的广播节目，这档节目以热心公益著称，常常在节目中增加一些帮助弱者的元素，希望借助节目唤醒人们对于弱者的同情心。帕吉特有意将其改为电视节目，他希望能找到合适的人来充当气象预报员，以达到宣传公益的目的。经过反复调查，公司上下一致认为，流浪汉是最适合的人选，特别是东欧的流浪汉。

听到这里，阿布拉姆沉默了。由于他常年露宿街头，所以对温度变化有着最直观的感受，特别是在冬季来临时，由于罗马尼亚地处东欧，冬季经常会有零下二十多度的低温出现，常常会发生流浪汉被冻身亡的悲剧，而他本人也有差点儿被冻死的经历。

帕吉特对他说："我们这个节目想借助天气预报这种形式，向人们介绍流浪汉的生存困境，我们希望得到更多人的关注，并引发大家对这个问题的讨论。最重要的是，我们希望此举能够让人们增加对流浪汉的捐款帮助。"

听了帕吉特的话，阿布拉姆被深深感动了，他当即表示会无偿帮助萨奇柏林广告公司完成这档节目。

2013 年 1 月，当蓬头垢面的流浪汉阿布拉姆出现在电视屏幕里，绘声绘色地为大家讲解明天的天气时，所有观众都在第一时间被震住了，但随即，他们都被这位流浪汉动情的讲述吸引住了。

节目中，阿布拉姆根据天气变化结合自己的亲身经历现身说法，提醒人们应当注意些什么。他告诉观众，自己露宿街头时，最害怕的就是恶劣的天气，但自己没有电视机，无法收看《天气预报》，只能在恶劣天气来临时硬扛着。记不清有多少次，自己被突降的暴雨淋得全身湿透，被骤起的寒风冻得瑟瑟发抖，自己无暇欣赏漫天的飘雪和雨后的彩虹，因为生存对一个流浪汉来说才是最重要的，电视机前的观众可能不会了解，在罗马尼亚的街头有许多这样的流浪汉，他们需要人们的帮助。

《希望之日》播出后，立刻引起了巨大的轰动，并起到了立竿见影的效果。在街上，人们停下忙碌的脚步，把目光对准了那些无依无靠的流浪汉，并给予了他们更多的帮助。在下雨天，有人会给流浪汉送去雨伞；下雪天，有人会给他们送去煤炉和煤球，还有人会给他们提供棉被棉衣甚至一些临时居所。

目前，除了罗马尼亚，俄罗斯也已经参与到了这个节目中，而德国、瑞士、波兰等一些欧洲国家也正在寻求加入。

帕吉特在接受媒体采访时说："很高兴人们喜欢这档节目，但我要说的是，我希望人们不仅仅是关注节目，更要拿出实际行动，帮助那些需要帮助的人。我可以负责任地告诉大家，我们的天气预报非常科学准确。在日常生活中，总有一些极端天气出现，让我们出行困难，心情黯淡，我想，我们不能改变恶劣的天气，但我们能改变坏心情，因为，只要我们伸出援手帮助那些弱者，我们就一定可以拥有一个始终阳光明媚的好心情。"

那些“奇葩”办公室

当今社会，人们的工作节奏越来越快，生活压力也越来越大，有相当一部分人得了“办公室综合征”，一旦进入单调乏味的办公室，就会产生一股厌烦与抗拒的情绪，而因为久坐，办公室人员还常常出现头痛、耳鸣、听力下降或记忆力减退现象，严重者还会出现心慌、心悸、心律失常等症状，身体与心情双双不佳，自然会影响工作效率，这是任何制度都难以解决的一个大难题。

针对此，世界各地的公司企业都绞尽脑汁，想找到一个合适的方法解决这个问题，于是，很多创意十足的新型办公室出现了。设计者充分考虑传统办公室带给工作人员的负面效应，有的放矢，营造出了一个个更加人性化的工作环境。

这其中最著名的当属一直以创意著称的谷歌公司。在瑞士苏黎世的谷歌分公司有一种“豌豆荚屋”办公室，一个个淡绿色豌豆状的办公室伫立在花草树木之间，员工要进入办公室，就要穿花绕树而过，打开如一粒豌豆般小巧可爱的办公室，或温暖或静谧的色调因人而异，让每一名员工都能在工作之余，接近自然，放松心情；位于世界滑雪圣地的谷歌苏黎世分公司还有一种精巧的滑雪缆车办公室，类似滑雪缆车的写字间配上几乎可乱真的虚拟雪地和灯饰，员工们仿佛置身于滑雪圣地，心中的浮躁顿时消失殆尽，工作起来自然精神百倍。

谷歌的理念是让工作与自然合二为一，虚拟出一个自然环境。西班牙的 Selgas Cano 建筑师事务所则将自己的办公室直接搬进了大自然，这也是与他们一直倡导的环保、自然的建筑风格不谋而合。透明的玻璃墙体让员工在工作时仿佛置身于大自然之中。看着窗外满地的落叶，聆听着鸟语虫鸣，员工压抑在“钢筋城市”之中的心灵得到了最大程度的释放，这对于从事创意建筑工作的事务所工作人员来说，是弥足珍贵的。

其实，在现代社会，办公室不仅是工作场所，更是一种生活场所。壁垒森严的写字楼已经被证明不利于员工身心健康，所以，许多追求复古生活方式的办公室浮出水面并受到了极大欢迎。美国波特兰市 Wieden+Kennedy 广告公司有一种“鸟巢”办公室，从远处看完全就是一个巨大的鸟巢，用货真价实的稻草与树枝搭建而成，鸟巢内的设施也是尽显简朴，岩石状的办室桌椅和羽毛状装饰物让人如同真的身处一个大鸟巢之中；瑞典的 Bahnhof 网络供应商则有一种“洞穴”办公室，位于一条人工开凿的岩石隧道之中，工作人员穿越隧道进入办公室，仿佛进入了另一个世界，久违的好奇感与探索勇气再次被激发了出来；美国匹兹堡的创新工厂

Inventionland 则干脆把办公室放在了一棵棵巨树的身体之中，坐在“树屋”办公室里，目之所及是涓涓溪流、花草树木，仿佛置身于森林之中，顿时心情愉悦精力十足。

当然，办公室毕竟还是工作场所，应当找到一个工作与舒适的最佳结合点，这样才能事半功倍。这一点上做得最成功的是全球动画公司巨擘美国皮克斯公司，他们直接将动画场景搬进了办公室里，办公室是一个个卡通小木屋，每个小木屋里都酝酿着无尽的创意，许多卡通人物和场景都活生生地走进了办公室中，最近更是加入了 3D 立体技术，让员工有了身临其境之感，与卡通人物朝夕相处，许多天才创意滚滚而来，公司业绩自然蒸蒸日上了。

这些创意十足的“奇葩”办公室不仅提高了工作效率，更体现了公司对员工的尊重与关心，使员工从心底里愿意贡献自己的聪明才智，这是一个绝对双赢的结果。

用诗歌治病的德国人

诗歌是什么？它带不来权力，也带不来财富，但它就像清晨的鸟鸣声和春天的花草香味一样，让每个人都陶醉其中——它是一种精神食粮。在此之外，诗歌是否还有其他作用呢？答案是肯定的。近日，德国的一些医疗机构和诗人们联手，挖掘出了诗歌的另一种功用——治疗老年痴呆症。

三年前的秋天，德国柏林的青年诗人拉尔斯·鲁佩尔在一次公益活动中来到一家养老院，这里的老人有很多都患上了老年痴呆症，鲁佩尔为他们朗诵了德国著名诗人里尔克的名篇《秋日》，伴随着他深情的朗诵，原本一直躁动不已的老人们竟然渐渐安静了下来，等到鲁佩尔结束朗诵时，有几位老人竟然流下了泪水。一位名叫赫尔曼的老人走到台前，紧紧握住了鲁佩尔的手，对他说："你的朗诵让我仿佛回到了少年时代，谢谢你孩子！我想起了很多往事，原来我以为它们都已消失了。"这一幕让养老院的医生们惊喜不已，原来，赫尔曼是一位严重的老年痴呆症患者，头脑一直无法清醒，没想到，一首诗歌居然起了这样的奇效。事后，经过统计，这次诗歌朗诵竟然让七位患有老年痴呆症的老人病情有了不同程度的缓解。

鲁佩尔惊喜不已，作为一名文学青年，他一直致力于追求高尚的精神境界，钟爱的诗歌竟有如此的功效，这让他突然有了一个大胆的想法：为什么不把诗歌用于治疗这些患有老年症呆症的老人呢？

接下来，鲁佩尔通过网络等媒体把自己的想法表达了出来，很快，他得到了自美国纽约诗人加里·格拉茨内尔的响应，两人成立了名为“阿尔茨海默病人诗歌康复计划”的联合工作室，向照顾老年痴呆病人的护理者传授相关技巧及招募青年志愿者直接与病人面对面交流。他们把这个计划称为“唤醒沉睡的词句”，旨在用过去很受欢迎的老歌和脍炙人口的诗篇来帮助老年痴呆症患者唤起深度的记忆，从而对老年痴呆病症起到有效的辅助治疗作用。

鲁佩尔把计划的第一站放在柏林的那家养老院，在那里，他再一次见到了赫尔曼，令他惊喜的是，赫尔曼竟然能够独立朗诵一段诗句了。活动中，他和赫尔曼共同完成了一首诗歌的朗诵，和其他两位老人一同吟唱了一首老歌，活动取得了空前的成功。经过媒体报道，鲁佩尔的计划很快传遍了全德国，并受到了极大的关注。

由于这种新颖的治疗方式效果奇佳，鲁佩尔的计划很快在全德国得到了推广。他们招募的志愿者深入到各地的养老院和医院，组织开展了一系列活动，志愿者根据听众的年龄和经历精选出适当的诗句和歌曲，在活动中面对老年痴呆病人声情并茂地朗诵那些著名诗歌和吟唱那些曾经流行的老歌。当听者的注意力被这些熟悉的诗句和旋律抓住时，就会自己随着吟诵出的诗句打起拍子，一些沉睡的记忆会被唤醒，乱成一团的大脑会被重新梳理成形，老年痴呆症在不知不觉中得到了缓解和治疗。

护理专家欧内斯特表示，这种用生动活泼的诗句和老歌唤起病人深度记忆的做法被证明是切实可行的。虽然病患者短期记忆功能发生缺陷，但是深度长期的记忆仍然保持完整并能够被适时唤起。而当病人的深度记忆被激发出来，并意识到自己还具备某种行为能力时，这种方式对于病人自身身体及脑力机能可以起到良好的激励和刺激作用。

目前，鲁佩尔的团队已经拥有上千名志愿者，共计造访了德国各地 50 多家养老院，并帮助培训了大量的护理人员。鲁佩尔说，这种方式可以帮助克服平淡单调的生活对老年痴呆病人自我表达能力的阻碍，对治疗疾病具有非常好的辅助作用，而这一计划的推广也让曾经一度曲高和寡的诗歌重新获得了德国主流社会的关注，让诗歌回归到它最初的本真与美好，让这个曾经涌现出无数优秀诗人的国度再次出现了“诗歌热潮”。

在创意的魔法下，诗歌和疾病本无任何联系，却产生了非常巧妙的作用。在生活中，只要我们肯抛开一些传统认识，就会发现事物之间的巧妙联系，从而为我们所用。

做“减法”增加财富

2010 年 1 月 7 日，一款“奇怪”的平板电脑上市了。说它奇怪，是因为它完全不跟潮流，当时触屏输入方式已成为平板电脑标配，这款产品却选择了几乎被人遗忘的手写输入；同类产品都走 IT 卖场、电子商务等渠道，而这款产品却选择在门户网站打广告和进驻燕莎等高端商城开店销售。而它的标价更是高达 3980 元人民币。

众多的“奇怪现象”让市场专家们得出一个结论：这款产品将很快被市场淘汰。

但是，在两年之后，更加“奇怪”的事情出现了，这款平板电脑不但没有消失，还成了平板电脑市场上的黑马，拿到了全国市场份额第二名，销售额高达 10 亿元。

这款平板电脑就是 e 人 e 本，在当前国内平板电脑市场，它的名气仅次于大名鼎鼎的 iPad，而那句广告词“大领导的小电脑”更是传遍了大街小巷。

人们惊叹之余，也产生了深深的疑问：这款技术上并不先进，营销方式甚至还有些落后的产品，是靠什么取得成功的呢？

壹人壹本信息科技公司董事长杜国楹的一句话道破了天机：

“我们让市场来决定技术，具体操作上，我主张做‘减法’而非‘加法’。”

其实，从壹人壹本的发展轨迹就能看出这句话的由来。

与 iPad 等平板电脑以酷炫的新技术吸引年轻人不同，在准备做平板电脑时，杜国楹经过市场调研，果断地做了“减法”：摒弃了作为市场主力的 80 后、90 后，而是选择了 60 后人群为用户群；随后，在技术上他继续做“减法”，减掉了那些华而不实的功能，选择了手写输入作为产品突破口。

杜国楹知道，无论在技术层面还是产品包装方面，自己都无法与苹果公司抗衡，只能做好“减法”，从某一方面出奇制胜。选择 60 后人群，一方面是因为这部分人属于社会主流精英，消费能力不是问题，更重要的是这部分人更喜欢传统的手写输入的感觉。

为了更精准地影响 60 后群体，杜国楹再次做“减法”，摒弃了铺天盖地的广告模式，选择了 60 后比较喜欢的宣传方式，如在晚上零点进行电视专题式的讲解、在报纸上投放整版广告等，在销售渠道上则选择进驻高端百货商场。这些看起来不是很先进的推销方式，一旦确定市场定位，就会形成一个最有效的模式，并且取得极佳效果。

在壹人壹本公司，“减法”几乎是无处不在的。由于杜国楹的减法战略，虽然产品销售量持续上涨，但 e 人 e 本至今仍没有添加摄像头等很多被称为“标配”的功能，仍然坚持在手写电脑领域，目标人群依然是60后，仍坚持每年只推出一款产品。

杜国楹说:“商业模式不是越时髦就越有效，我们还活着并能持续发展，说明务实才是最重要的，而做好‘减法’，就是务实的真实体现。我想，如果不专注于一个产品种类，而把产品做得特别广泛，一定会造成精力分散、利润下滑。我们要根据实际确定企业的发展策略。不贪心才能走得更远。”

是的，如果说企业是一棵树，那么“减法”就是剪掉不必要的枝节，从而让主干获得更多滋养，这样才能长到更高的高度。而不贪心则是做“减法”的最高境界，正是因为减掉了贪心，才能清醒地把握好市场需求，掌握住转瞬即逝的商机，赢得越来越多的财富。这一点，正是杜国楹“减法”战略的精髓所在。

第三章

选择有意义的坚持，让自己成为人生「不倒翁」

每个人的人生际遇都各有不同，

但对于实现个人价值的渴望却总是一致的，

那么，该怎样去面对多变的生活，怎样选择有意义的坚持，

才能精诚所至金石为开，成为生活浪潮中的“不倒翁”呢？

娄师德的处世法则

娄师德与狄仁杰同为武则天当权时的宰相，但两人性格迥异。狄仁杰疾恶如仇爱恨分明，娄师德则唯唯诺诺不思进取。其时酷吏当道，狄仁杰几度受到迫害，浮沉数次，娄师德却始终稳坐宰相宝座，历经数载而不倒。

这与娄师德的处世法则有很大关系。他自责、努力、与人为善，可他最大的特点却是习惯于逆来顺受，就算有人当面向他吐口水，为了不激怒对方，娄世德绝对不会擦。世人都认为娄师德是个没骨气的人，故步自封小心翼翼，朝中有气节之人，如陈子昂、狄仁杰等人都不屑与之为伍，但是，武则天却异常喜爱娄师德，这引起了朝中大臣的不满。其中，与娄师德同为宰相的狄仁杰意见最大。

有一天，狄仁杰向武则天上疏，要求将自己与娄师德的办公地点分开，因为这个娄师德为人确实宽厚，但性格懦弱，身居要职却不思进取，狄仁杰的潜台词其实就是要武则天把娄师德的宰相职位给撤了。

武则天明白狄仁杰的意思，她问：“宰相之职不可随意更换，我想问爱卿，师德是贤人吗？”

狄仁杰想了想，说:“师德为将能固守边陲，多年来抵抗吐蕃人侵，功劳甚大，但从不主动出击，也误了不少战机，忠诚可嘉，但贤能不足。”

武则天摇了摇头，说:“仪凤三年，唐军18万兵马大败于吐蕃，有全军覆没之险，是娄师德挺身而出，收集散亡将士，随后，又出使吐蕃，宣扬休战求和之意，以此稳住吐蕃，趁机巩固防线，这才有后来大将黑齿常之在良非川大胜吐蕃军之辉煌。试问爱卿，师德不逞一时之勇，不以一己之私，甘愿背负骂名与异邦议和换来大唐安宁，可是贤人？”

见狄仁杰无言以对，武则天又问:“身为宰相，师德知人善任否？”

狄仁杰摇头说:“臣与他同朝为官，没听说过他知人善任。”

武则天话题一转，说:“狄爱卿知人善任，推荐了不少贤才，但爱卿知道是谁推荐你的吗？”

狄仁杰说:“臣实不知。”

武则天淡然说:“你成为朕的知卿，便是师德倾力推荐的，而你官至宰相，也是师德力保之功，朕觉得他可是知人善任啊！为人贤道又知人善任，朕觉得，师德不负宰相之名啊！”

得知真相的狄仁杰惭愧不已，他仰天长叹，从此后，逢人便说:“娄公盛德，我诋毁他，看不起他，却不知竟被他包容了这么久，跟娄公相比，我真是比不上啊！”

翻开历史，娄师德武能抗击吐蕃数十万大军，文能安大唐3000万子民，却一生声名不显毁誉参半，都是他独特的处世原则决定的。

但历史终会给一个人公正的评价。在酷吏横行的武周王朝，要明哲保身又要实现济世安民之抱负，必须有自己独特的方法，这一点，其实正是娄师德的大智慧与大才能所在。这个看似私心极重只注重自身安危的懦弱宰相，实则正是武周王朝得以兴盛强大的中流砥柱。

鲁智深的“智慧生存”

粗看起来，鲁智深似乎与其他的梁山好汉没什么不同，他疾恶如仇，性如烈火，鲁莽贪杯，但细细梳理他的一生，却发现，他又与其他梁山好汉有着很大的不同。

首先，他没有受过牢狱之灾，没有官逼民反的无奈。林冲、武松、宋江等，这几个《水浒传》中浓墨重彩的人物无一例外的入过狱、受过刑，然后才下了决心造反。唯有鲁智深，看似粗野，实则精细，打死镇关西成为逃犯是因为打抱不平，并不是为了一己私利，在打死镇关西后，他还假意怒骂:“你这厮装死！”给自己留下宝贵的逃跑时间。后来，鲁智深藏身寺院，表面上不知收敛，喝酒吃肉，醉打山门，实际上却一直关注着朝廷动向，把自己的罪犯身份藏得很深，一直到占据二龙山落草为寇，彻底反了，鲁提辖的身份才彻底曝了光。可以看到，无论是醉打镇关西，抢占二龙山，还是后来在梁山冲锋陷阵，鲁智深都是率性而为，一路走来，活得既洒脱又安全，比那些苦大仇深一身血泪的梁山好汉不知道强了多少。

其次，鲁智深没有忠君的思想，始终保有独立思考的个性，这在当时是极为稀少的。按说鲁智深也算是“国家公务员”出身，但这皇粮说扔就扔了，后来的日子里，他也一直没把朝廷当回事。在他的心中，只有好坏对错，没有身份利益，可以说，鲁智深是一个极具现代民主思想的人。后来要上梁山，鲁智深依然没有盲从别人说起及时雨宋江，无一例外地崇拜，他却说：“我只见今日也有人说宋三郎好，明日也有人说宋三郎好，可惜洒家不曾相会，众人说他的名字，聒得洒家耳朵都聋了。”不跟风，不盲从，正是这种独立思考的态度让鲁智深始终保持着清醒的头脑，从来没有做过利令智昏感情用事的错事。

再次，鲁智深还是梁山好汉中少数具有战略眼光的人，懂得审时度势。他深知宋江忠君思想严重，靠自己一人的力量难以改变宋江的计划，但他没有完全放弃。活阎罗阮小七偷换御酒被他发现，鲁智深恰到好处地骂道：“入娘撮鸟，忒杀欺负人，把水酒当御酒来哄俺们吃！”这一骂不要紧，却拉来了一帮同仇敌忾的兄弟，刘唐、武松、史进等反对招安派和中立派立刻借题发飙，鲁智深的一句骂就让朝廷精心设计的阴谋破了产，大大推迟了梁山的覆灭日期。梁山好汉被招安后，鲁智深预先给自己准备了后路，征方腊回军途中，他闻钱塘江潮信，便借机远离军中，游历江湖，后来在杭州六合寺圆寂而死，最终得以善终。

更为可贵的是，鲁智深明明具有独立思考的个性，却又非常合群。到了任何一个环境，他都能迅速适应，和大家打成一片。在二龙山，他和林冲、杨志把山寨经营得井井有条，到了梁山，他稳坐第十三把交椅，不参与任何派别争斗，却能影响每一个重大决定；违心接受招安后，他处处维护梁山利益，征讨方腊时，他有勇有谋力擒方腊立下大功，却又坚辞奖赏，只求保得梁山兄弟平安。鲁智深的种种作为无不体现出他是一个优秀的管理者和真诚的朋友，可以说，鲁智深的为人处世之道值得许多现代职场人学习与借鉴。

身怀绝技不自傲，待人遇事不自矜，该出手时就出手，该放手时就放手，始终保持着客观冷静的头脑。如此看来，鲁智深绝对是一个具有大智慧的人，他的一生在外人看来丰富多彩，自己过得则是有滋有味，绝对不枉此生。

一扇神奇的玻璃门

朋友执意要将办公室的门换作玻璃门，于是便出现了一个奇景：在森严的办公大楼内部，举目望去，两侧清一色暗红色屋门之中，竟夹杂着一扇透亮的玻璃门，每当来回行人将目光定格于此，大楼内压抑的气氛竟被清扫一空，所有人心头都感到了一片明媚。

朋友供职于一个大企业的机关部门，虽然不是什么重要部门，却也是每天人来人往络绎不绝。更换玻璃门之前，所有来办事的人都是心中惴惴不安，小心翼翼地行走、敲门，还经常得不到任何回应，屋内屋外俨然是两个世界。其实，屋内人有时确实不在，有时则是没有听到低沉的敲门声，也有少数时候是怕麻烦或是正在做与工作无关的事情，所以没有及时开门。一扇厚厚的门挡住了这些或理直气壮或晦涩暧昧的理由，只是，这扇门却挡不住如疯草般蔓延的负面思想，门外人渐渐将所有拒绝都误读成了敷衍甚至渎职，久而久之，压抑的情绪终于爆发，大楼内发生了几回大的争执。

朋友办公室的门正是在一次大规模争执中被损坏的，朋友没有像其他同事一样简单的换上一扇更严实的门，而是突发奇想，换上了一扇透明的钢化玻璃门。

在同事们的笑声中，朋友的玻璃门成了机关大楼的一道风景。但说来奇怪，自从玻璃门出现之后，大楼中产生的争执明显减少了，因为所有来人都可以透过玻璃门看到正在专心工作的朋友。朋友耐心解答前来办事者心中的疑问，即便不能解决问题，也可以在他那儿喝到一杯热茶，听到几句问候。

半年之后，朋友被破格提拔为单位负责人。原来，玻璃门吸引了上级领导的注意，每一天领导都会有意无意地来看看，透过完全没有任何遮挡的玻璃门，朋友辛勤工作或是热心助人的模样被领导看在眼中，记在心里。

搬入了新办公室，朋友做的第一件事，就是把暗红色厚实的门换成透明的玻璃门。

朋友说，现在这个时代生活节奏太快，人与人之间交流太少，偏偏还有那么多门挡住了彼此的视线，这些门挡住彼此目光的同时，也挡住了彼此的心。这扇玻璃门，能让别人看到自己，对自己来说是种促进，对别人来说是种信任，工作时间每个人就应当是公开透明的，特别是服务机关。所以，自己不论担任什么职务，办公室的门一定会是透明的。

朋友的话令大家恍然大悟，原来，这扇玻璃门在无形中拉近了人的距离，温暖了彼此的心。试想一下，心都在一起了，还有什么问题是解决不了的呢?

先放下背上的那座山

单位最近来了一个年轻人，刚刚大学毕业，意气风发豪情壮志，在自我介绍时便流露出一股要做大事的傲气。

可没过多久，我就发现这个年轻人蔫了，工作成绩很差。通过观察我发现了症结所在，这个年轻人虽然很聪明，但骨子里有股傲气，平时很少请教同事问题。虽然我们单位是科研单位，专业性比较强，但工作经验同样重要。因为不愿请教同事，这个年轻人走了不少弯路，耽误了不少时间，工作进展缓慢，渐渐地，就变得无精打采了。

趁着中午闲聊，我给他讲了一个故事：

从前有一个道士，苦苦修了多年的道，道观里各种修道书籍堆得比一座山都高，但他却始终无法得道。后来，他听说一座高山上有一位得道高人，于是他决定前去求教。为了让自己能更快的参悟，不浪费登山的时间，他背着一些尚未参透的书籍出发了。每天累了就读书学道，可一天两天还行，转眼十天过去，这道士遇到难题了，山路陡峭攀登极难，加上背上的书太沉，他既不愿舍弃书籍，又无法背着这么沉的书登上山顶，进退两难，心中烦躁，最后别说悟道了，反而进了歪道，没登到山顶，在半山腰就精神崩溃了。

年轻人听了这个故事，哈哈一笑，说这道士还真笨，分不清轻重主次，这登山求教才是最重要的，背着这么重的一座“书山”，不是自讨苦吃吗?

我笑着说，说得没错，背着一座“书山”，怎么能登上一座山呢?当局者迷旁观者清，这道士不明白，其实丢了背上的“书山”，或许不用登山求教，他也能得道。

听到这儿，年轻人沉默了，过了一会儿，他对我说了声“谢谢”，然后转身走了。

现在，这个年轻人已经出色地完成了他的第一个科研任务，登上了工作之后的第一座小山。看着他每天谦恭从容的样子，我知道，他已经把背上的那座山放下了。

别让光芒遮住双眼

从小到大，他一直头顶光环，在学校里是优等生，在家中是宝贝独苗，谁都喜欢优秀的他。

在这种环境下，他慢慢长大了，或许是习惯了众星捧月般的待遇，他变得越来越高傲放纵，但他自己却没有注意到，许多朋友和同学都悄悄远离了他。大学毕业后，家里托关系给他找了一份不错的工作，坐在宽敞的办公室里，他志得意满，但是很快，他就发现在这所政府机关大楼里，他根本得不到应有的重视，人们各忙各的根本无暇关注他，上级领导每天除了交代他一些日常工作之外，根本懒得跟他多说一句话。

被人轻视的感觉令他很不高兴，于是，他开始在单位发牢骚，对安排的工作敷衍了事，终于有一天，领导把他叫到办公室狠狠训斥了一顿，他委屈地跑回家里，再也不愿上班了。

渐渐地，他得了自闭症，终日待在家里，不愿面对外界的一切。很快他丢了工作，父母看在眼里急在心里，但又不知该怎么办。

有一天，家里来了一位客人，竟然是他大学时的班主任。原来，班主任听说了他的事情，特地赶过来看他。班主任看到一脸憔悴的他，只是淡淡地说：“其实，我知道这一天早晚会来，或许，来得早一些会更好。”

他一脸愕然，难道班主任早知道这个结果吗?

班主任说：“还记得你毕业时，我给你的那句忠告吗？就写在你的毕业纪念本上，是不是早已经忘记了？”

听了班主任的话，他才想起那句话：别让光芒遮住双眼。

见他还是有些迷惑，班主任解释说：“一个人身上的光芒不应当是别人给的，而应该是自己创造的。就像太阳一样，它从不在意别人给的荣耀，它只是在努力发光发热，因为它知道，别人给的光芒只会遮住双眼，让你看不清自己。”

听了班主任的话，他陷入了深深的沉思。班主任走后，他重新振作了起来。现在，他已经成为一家大型跨国公司的行政主管。

事实上，荣耀的光环能让人感到满足，也能让人迷失自我，只有让光芒从内心深处散发出来，才能真正享受到它带来的满足。

高手善用“折射”

足球场上，经过碰撞后的“折射”只要将球踢入对方球门，就有效，相较于目的明确冲向球门的直射，“折射”虽然力量有所减小，但却具备了更多的突发性与不确定性，让守门员防不胜防。

其实，足球场外的生活中，“折射”的威力仍然存在，特别是在职场与商战中，能够掌握“折射”的人一定是高手翘楚，因为他不仅要具备相应的业务能力，还要具备高人一筹的智慧。

老张在一家银行工作数十年，从一个编外的保安做到一家省级分行的行长。总有人怀疑这其中有猫腻，可是了解老张的人都知道，之所以能有今天，完全是因为老张那高人一筹的智慧。在做保安的时候，老张就注意到，客户才是一家银行能否长盛不衰的关键，于是，他努力经营好与每一名客户的关系。几年下来，客户把老张当成了这家银行的“活招牌”，要到银行办业务时就来找老张，就这样，老张引起了银行领导的注意，而在了解到老张利用业余时间自修取得金融类大专文凭之后，银行领导果断拍板把老张转成了正式员工。转正之后，老张除了继续壮大自己的客户群，还把目光瞄准了其他银行，只要其他银行有了新举措，老张总是第一个知道，并立刻把消息与自己想好的对策向领导汇报，时间长了，领导有了什么问题就会问老张，于是老张越来越接近决策部门，如此一来，老张的步步高升也就水到渠成了。

毫无疑问，老张是个擅长“折射”的高手。对他来说，“球门”虽然摆在那里，但是要想直接踢进绝非易事，于是，通过“折射”借力出击就成了把握性更大的捷径。当然，在这个过程中老张始终是尽心竭力的，借助“客户”“竞争银行”的折射，老张的“射门”变得巧妙而精准，自然能够一举命中。

与老张的步步为营不同，他的儿子小张选择的“折射”则更加令人拍案叫绝。小张大学毕业后选择了自主创业，开了一家网店，但他的网店不是卖东西的，而是用来买东西的，只要注册成为会员，就能让他的网店帮你买东西，你只要给出价格区间，他就会帮你买到最实用的商品，而且保证质量。最重要的是，在成为会员的前三个月是免费试用期，客户可以验证一下小张网店是否合格，这让客户过了一把“老板瘾”，而如果客户发现了网店的问题并提出解决方法，还能得到网店奖励的一笔钱。小张的这种经营方式让那些深受网购弊端之苦的买家趋之若鹜，结果是，三个月之后，这些客户高高兴兴地缴纳了正式会员费，并介绍了更多的朋友成为会员。

小张的“折射”比老张高明之处在于，他借助的是对手的力量，让客户免费体验甚至还能赚钱，达到了一种商战中最可喜的“双赢”效果。

老张与小张的故事让我们看到了“折射”的魅力，也感受到了“折射”的威力。我们要做的，就是将“折射”的智慧运用到生活的点点滴滴之中，让目标变得更加触手可及，也让人生变得更加丰满与灿烂。

九十分胜过一百分

儿子上小学时，班级里有许多每次考试都得满分的同学，儿子却几乎没得过一百分，这让儿子常常沮丧不已，他常常在回到家后要求我来“训练”他，说只有这样才能考一百分。

看着一脸认真的儿子，我一字一句地对他说：“爸爸对你的要求是每次能考九十分以上，如果你能达到要求，小学毕业时，爸爸就给你买一架你最想要的天文望远镜。”

儿子想到心爱的天文望远镜，觉得这个要求真的是很容易达到，于是就答应了下来。

接下来的日子，儿子果然每次都能考九十多分，虽然得一百分的时候很少，但成绩一直很稳定。可与此同时，他的同学们的成绩却出现了明显的变化，特别是到了四年级以后，别说得一百分，得九十多分的都很少了。

小学升初中考试，儿子取得了很好的成绩，如愿以偿地得到了天文望远镜。从那以后，他经常利用夜晚时间看月亮和星星，保持着一颗不断探知与追求的好奇心。

在小升初考试后的家长会上，几个孩子成绩下滑的家长忧心忡忡地问我：“听说你家孩子成绩提高很快，名次也一直在上升，有什么秘诀吗？”

我对他们说：“其实，我家孩子的分数跟一年级相比没什么提升，还是九十多分，他很少考一百分，我也从没要求他考一百分，因为我知道，随着知识难度的增加，一百分会越来越难考，这时候反而会造成成绩下降的假象，让孩子的心理压力增加。这个年纪的孩子很脆弱也很懵懂，如果家长强加施压，一旦失败很可能会一蹶不振，所以最重要的是培养孩子良好的心态和自信心。我觉得，学习其实就像一场长跑，前半程只要不掉队就行了，然后找到适合自己的节奏和方法来学习，这样到了冲刺的时候取得好成绩就是件水到渠成的事了。”

听了我的话，几位家长恍然大悟，他们连声道谢，说：“你说的没错，我们就是总盯着考试成绩了，没有考虑这么长远，孩子们的智商都差不多，哪有什么天才啊，就是天才，也需要适合他生长的环境才行，希望我们现在改变还不算晚。”

前不久，儿子在中考时的各科成绩仍然稳定在九十分以上，他也顺利考入了一所重点高中，而那架已经略显老旧的天文望远镜，仍然是他每天夜晚眺望星空憧憬理想的好伙伴。相对于他优秀且稳定的成绩，我觉得，孩子自信乐观又富有生活情趣才是我最想要的。

老拳王的绝招

有一个拳击手立志成为世界拳王，他四处拜师学艺，不断提升实力，经过几年的艰苦训练，他出拳的速度达到了每秒十拳，令人瞠目结舌，而每一拳的力量更是达到了令人闻风丧胆的 120 公斤。这时，他觉得称霸拳坛的时机已到，便开始四处出击。

在绝对的力量与速度面前，他的对手纷纷败北，不到半年时间，他的面前就只剩下当今拳王老迈克了。老迈克已经 42 岁，他在一个月前才获得拳王称号，令人难以置信的是，前拳王在败给老迈克后竟然立刻宣布退出拳坛。据这位年富力强的前拳王说，老迈克有一个绝招，在这一招面前，根本无人是他的对手。

作为挑战者，他当然不会轻敌，他精心研究了老迈克的拳王争霸战，却发现他的招式平平无奇，速度力量也绝非顶级，这令他信心十足，更加坚定了自己获胜的信心。

拳王争霸战打响了，他主动出击，很快便把老迈克逼到了角落里，这时，令他惊奇的事情出现了，老迈克竟然只守不攻，他的重拳纷纷落空或是击打在无效部位。

渐渐地，他开始烦躁起来，出拳越来越快也越来越重，场面完全是一边倒，老迈克似乎完全没有还手之力，偶尔反击也只是隔靴搔痒，根本无法给他带来伤害。

观众看得兴高采烈，大声鼓掌喝彩，他却越打越是心惊，他发现，在这种情况下，自己根本无法获胜，因为按照职业拳击规则，在无法打倒对方的情况下，只有靠点数计算胜负，但因为老迈克只守不攻，自己无法打到他的有效部位，反而打在无效部位上还会被扣分，而对手只是轻轻触碰一下自己的有效部位就能得分。

十二个回合内，他没有打倒老迈克。经过裁判的计算后，一致得出了老迈克获胜的结论。这一刻，他终于明白了老迈克的绝招，原来，自己训练的是速度和力量，老迈克训练的却是规则，自己的拳技再厉害，也无法突破职业拳击的规则。

其实，在生活中，我们也往往因为过于注重一些表面上的东西而忽略了真正的重点与内在，所以才会输。成功是需要智慧的，不是一味靠蛮干就能获得的。成功有许多因素，抓住最关键的因素，才能一招制胜。

起点不决定终点

我的一位朋友经常拿自己和竞争对手作比较，说自己没有良好的社会关系，没有赏识自己的伯乐，没有好的市场机会，而竞争对手则在这方面或在那方面占有优势，总之一句话，自己在起点就被限制住了，抵达终点自然要比别人难很多。

我告诉他，拥有一个完全公平的起点实际上是不可能的，因为每个对手的情况都不尽相同，但是，决定终点的绝对不只是起点。

著名的龟兔赛跑的故事，看似两者一同出发，但实际上，兔子已经拥有了先天优势。兔子有两条弹跳力出众的长腿，有充沛的体力，有丰富的奔跑经验，所以，从起点开始，乌龟已经被兔子落下了一大截。从表面上看，乌龟是不可能战胜这个强大对手的，但故事的结局恰恰相反，第一个抵达终点的是乌龟。究其原因，可以说是兔子一时大意，也可以说是乌龟侥幸获胜，也有很多人说，如果再比赛十次，那么兔子一定稳赢十次。但是，一个无可争辩的事实却是，乌龟确实赢了，它第一个抵达了终点。

还有一个我亲身经历的故事，我的两位朋友，一位是背景深厚名牌大学毕业的高才生，一位是草根出身技校毕业的技能工人，两人同时选择了开电脑公司。这两家公司的开业典礼我都参加了，一边名流聚集热闹非凡，一边冷冷清清不声不响，可以说两人在起点就拉开了距离，无论是人脉还是硬件，高才生都远远超过了草根工人。但是一年之后，高才生的电脑公司门庭冷落经营惨淡，而草根工人的电脑公司却每天门庭若市财源广进。

经过了解，我知道了两家公司发展迥异的原因。原来，高才生的公司开张之后，他把重点放在了拉关系找客户上面，却忽略了完善技术提高质量，出售的电脑总是出现各种问题，而售后服务的滞后也让公司信誉受到了损坏，客户在经过几次糟糕的交易体验之后，就拒绝再与他合作了。而草根的电脑公司则一直坚持质量第一的原则，认认真真地做好每一笔生意，无论是售后服务还是产品质量都做得尽善尽美，很快便把客户都吸引了过来。毫无疑问，草根在这次赛跑中完胜了起点远超自己的高才生。

其实，人生是一条单行道，人生没有那么多如果，起点不公平是客观存在的，但终点的成功却是主观努力决定的。起点再高，但如果在路途中开了小差走了岔路，也一定会铩羽而归。从某种意义上来说，正是起点的滞后造就了那么多白手起家的成功者，因为他们明白一个道理：起点并不决定终点，只有不断努力才是获取成功的唯一途径。

莫在倦时离场

朋友小张大学毕业十年，却已经换了不下二十份工作，问其原因，答曰：倦了，就离场呗。

时至今日，小张已近而立之年，无安身立命之所，无独立创业之能，茕茕孑立，形影相吊。在朋友聚会中，小张总是表现得郁郁寡欢，谈及十年来的工作经历，不经意间常常流露出一丝懊悔之意。

想当年，在我们这群从小一起长大的小伙伴中，小张是公认的最聪明最有才华之人，名牌大学毕业，口才出众，脑子灵活，身边人犹如众星捧月般围绕着他，现在想来，或许正是这种“捧杀”让他每次都轻视了得来不易的工作机会。

经过大家的反复规劝，小张在经历了一段时间的痛苦纠结之后，终于收起了心中的傲气，进了一家公司，踏踏实实从小职员做起。凭借不凡的才智，不到一年，小张就成了公司的“岗位新星”。在后来的朋友聚会中，大家以此祝贺，小张却谦虚推托，他笑称自己这十年来得到数十次“岗位新星”的荣誉称号，可没有一次把这“新”字摘掉过，这次无论如何也不能重蹈覆辙了。

听了小张的话，大家松了一口气。职场如战场，不可故作清高意气行事，特别是在现代社会，能得到一份工作固然是自身实力的体现，更是用人单位给的机会，如果因为工作的枯燥与单调就贸然放弃，岂止是不智，简直是愚蠢。

莫在倦时离场，这是成功路上的第一要则。若不是这句话，爱迪生不会发明电灯，爱因斯坦不会创立相对论，牛顿不会发现万有引力，海伦·凯勒不会成为享誉世界的著名作家。

如果倦了，想想自己距离目标还有多远，想想如果现在放弃将来是否又要重新开始……这时，或许自己心中就会有新的勇气了。

找到适合自己的人生助力

我有两个朋友，两年前在同一所名牌大学毕业，然后进入同一家大型合资企业供职。当时的他们，站在职场的起跑线上难分伯仲。

两人都到了营销部，起初两人工作态度积极认真，很快熟悉了相关业务，但是不到半年，两人之间出现了差别。差别主要来源于同事们的评价。朋友甲非常注重细节，不论是工作还是日常相处，他都心细如发，并且特别注意人际关系，谁家有点什么事甲的反应总是最快的，很快，甲赢得了同事们的一致好评；而朋友乙虽然工作也很用心，但在与同事相处时缺少耐心，常因一点小事争执不休，不肯放弃自己的原则，而且极少关心工作之外的事情，从不参加同事间的聚会。

渐渐地，两人的工作环境开始发生变化。甲的好人缘让他在遇到困难时能够得到同事的帮助，而乙尽管个人非常努力，但有时因为缺少同事的帮助，在工作中无法形成合力，干起事来常常事倍功半。

这一切，都被公司主管看在了眼里。

半年前，我在朋友聚会中见到了他们。此时的朋友甲已成为业务骨干，并在公司中担当要职成了部门负责人，较强的组织能力弥补了他在业务方面的略微不足；而乙则显得步履维艰，长期的单打独斗，让乙在任何需要与人配合协调处理的工作中显得特别吃力，乙虽然咬紧牙关不肯服输，但来自周围的阻力常常压得他喘不过气来。因为人际关系处理不好，甲赖以成功的人生助力却成了乙开展工作的最大阻力。

作为他们的朋友，我私下断言乙在这个公司不会待长久，即便他勉强支撑着，也会很快被公司炒掉。

但事情的发展却大大出乎我的意料，半个月前，我又见到了这两位朋友，甲依然春风得意，乙居然也升职了，担任了公司研发部的主管，两人又站到了同一高度。

原来，两人两年来的表现都被公司主管看在了眼里，甲的协调能力令他满意，但乙不畏艰难专心致志的态度更令他感到难得，于是，他破格把乙提拔到了专门从事市场研究的研发部。乙的严谨认真与永不言败的精神让公司能对变幻莫测的市场作出及时而准确的判断。在甲乙的共同努力下，公司的业务蒸蒸日上，公司主管也放心地把权力下放给了他们。

审视两人的职场轨迹，可以发现，甲把良好的人际关系转化成了助力，职场一帆风顺；乙把人际关系带来的压力转化成了助力，事业否极泰来。他们成功的秘诀是找到了适合自己的人生助力。

小菜单里大商机

美国人切里利是个不幸的人。15 岁时，他被一辆汽车迎面撞倒，身体多处骨折；三周后，他又得知了父亲患肺癌晚期的噩耗。父亲在两个月后过世，这时，摆在切里利面前的，是巨额的医疗账单和没有任何经济来源的残酷现实。

伤好后，欠了一大笔钱的切里利开始想办法赚钱。他帮人写文论文，为癌症协会骑单车横跨美国做广告，还担任过某服装品牌的模特，而且每天还要做三百个仰卧起坐和俯卧撑。但是十多年过去了，切里利的经济状况没有任何改观。此时已年满 30 岁的切里利却有了创建公司的想法。

创业从何处入手呢？切里利苦思冥想。这时，在一家餐馆的经历提醒了他。那天，他来到一家餐馆，发现里面早已人满为患，许多没有座位的顾客都在焦急等待，他好不容易找到一个空位，却被告知要点菜还得继续等待。听到顾客们的抱怨声，看到餐馆经理着急的样子，切里利心中一动，如果能开发一个软件，可以提前预订座位，预订饭菜，那么问题不就迎刃而解了吗？

2001 年 1 月，切里利创办了单一平台公司，开发了一款适合餐馆使用的菜单软件。他说服了三百家规模较小的餐馆试用该软件，因为这一类餐馆往往用于管理的精力并不多。

使用软件后，餐馆管理水平果然有了很大提高，而且通过互联网，这些餐馆还免费做了一次广告，软件取得了初步成功。但大型餐馆仍然有所犹豫，它们有固定的客源和管理模式，不知道这个软件能否给他们带来更大收益。

这时，一份数据让这些餐馆下定了决心。2011 年 4 月，一次传媒大会上，一位黄页公司高管展示了一份数据：62% 的黄页用户曾访问该网站来搜索餐馆菜单，但却有 95% 用户失望而归。切里利立刻发现了商机，他承诺向黄页公司提供成千上万份本地菜单，填补这一数据空白。

切里利的承诺兑现后，立刻引发了媒体关注，《纽约时报》也进行了专题报道。此后，公司的业务量猛增，并获得了 325 万美元的投资，这让切里利信心大增。他立刻着手升级软件，现在，软件的“喜欢”功能可以帮用户了解哪些餐馆比较热门；搜索功能可以扩展到多个合作伙伴的网站上，帮用户寻找五公里以内的餐馆和商店，购买特别的东西；软件还开发了宠物餐馆，人们可以找到经常被推荐的狗粮，在哪家宠物店有售，并且点击几下就可以进行支付。

2012 年 3 月，全美 6 万家餐馆签约使用了该软件，它们可以在自己的网站、移动设备上管理菜单和价格清单，还可以在出版商网络上展示自己的商品。这个出版商网络包括了《纽约时报》、黄页、Foursquare 网站和谷歌等，所有商家都可以在用户查看菜单时享受到丰厚的广告收益，而这一切，仅需要 495 美元。大中央餐饮集团合伙人里亚尔说："这是我花得最值的一笔钱。我每天可以更换三次菜单，而且各个地方的菜单都得到了更新：我的网站上，脸书网站上，互联网上的任何地方。"

仅用了一年时间，切里利公司的客户量就从 2000 家猛增至 60 万家，销售额从 200 万美元井喷至 1500 万美元。在接受媒体采访时，切里利激动地表示，这一切都要归功于自己的父亲。

切里利说："父亲去世前对我说：'你可以选择唉声叹气，也可以选择想象自己要往哪里去，然后努力到达那里。'是的，是父亲的话一直激励着我走到了现在。"

掏心比掏钱难

柳三决定做买卖的那天，晴空万里，艳阳高照。柳三怀揣着激动的心情，踏上了背井离乡的路。他的底气来自背上麻袋里的那些山货，据说，城里的有钱人最喜欢这种长在大山深处的野味了。

柳三觉得，做买卖这事是世上最简单的事，简单一句话概括就是低买高卖而已，而自己的这些山货野味，自己没花一分钱，全是凭着力气在山里挖出来的，所以，肯定是稳赚不赔的。

来到城里，柳三为了省钱就露宿街头，每天蹲在街角叫卖自己的山货。他通常会把山货取出摊在地上，可是，虽然街上人来人往，偶尔也有人停下问价，却没有做成一笔生意。柳三心里纳闷，他定的价格可是非常低的。

又过了几天，还是没做成一笔买卖，眼看着这光景是一天不如一天，自己从村里带来的干粮也要被吃完了，却不想就在此时，买卖上门了。

一位西装笔挺的中年人来到柳三面前，想看看他卖的那些山货，当柳三把自己辛辛苦苦挖来的山货一件件摆出来时，中年人眼睛亮了，听柳三说这些山货不到两百元时，中年人立刻掏出两张百元大钞，催着柳三赶快找钱。

柳三把身上所有钱掏出来给了中年人，才算把零钱找齐。一身轻松的柳三拿着两张百元大钞乐开了花，他决定去饭店吃顿好的，可是，等他酒足饭饱之后，在付账时却被人告知这两张大钞都是假的，柳三一下子懵了。

柳三终于明白了，做买卖这事，让人掏钱可真难啊，这么容易就掏出来的钱肯定是有问题的。也许，正是因为自己把价格定得太低，一般人怀疑有问题才不买他的山货的。

没有办法，柳三只能在饭馆里打工还钱，令他惊奇的是，在厨房里他居然看到了自己被骗走的山货，据说这是老板花了一千多元钱买来的。

柳三心里那个后悔啊，山货本来就应该直接卖到饭馆里，自己满城里叫卖，不是活该被人骗吗?

打工七天还上了饭钱，柳三才一本正经地找到老板，说出了前因后果，老板看柳三是个老实人，就跟他达成了协议，以后，由柳三供应山货，价钱就按市价，但要保证质量。至此，柳三终于找到了做买卖的感觉，此时此刻，他心里竟然还有些感激起那个骗子了。

如今，柳三的买卖可红火了，因为他的山货货真价实，也有其他饭店来找柳三收山货，可柳三就认准了这一家，而且价格也从来不涨。

柳三心想，这买卖啊，买卖的是良心，是信任。自己的第一批山货被骗子买走了，又卖给了这家店，自己是因祸得福，这家店也知道了山货货真价实，机缘巧合，自己才跟这家店长掏了心窝子。这做买卖啊，掏心可比掏钱难多了，因为这卖的是良心，买的是信任。

时光之河，浇灌优雅之花

1970 年 8 月 31 日，她出生于科威特一个平民家庭，父亲费萨尔・亚辛是巴勒斯坦医生，“淘金”来到科威特这个盛产石油的国家定居。小时候她便是一个美人胚子，在传统的阿拉伯社会里，女人的地位比较低，一个天生丽质的女人完全可以依附着男人过无忧无虑的生活，但她不同，她并未因自己的美丽而沾沾自喜不求上进，恰恰相反，她不仅聪明而且非常勤奋，无论在科威特国际学校求学还是在开罗美国大学攻读工商管理学，她一直都是成绩最好的学生。毕业后，她先后在花旗银行和苹果公司任职，凭借自己的努力成了令人艳羡不已的“金领”。

她的优雅与生俱来，身边一直不乏追求者，但她坚信缘分天定。1993 年 1 月，她在一次晚宴上认识了牛津大学学生阿卜杜拉，两人一见钟情，感情迅速升温，仅仅过了半年，22 岁的她便和阿卜杜拉闪婚了。

直到结婚前夕，她才知道，原来阿卜杜拉的身份是约旦王室成员，而且还是时任国王侯赛因的长子。面对突如其来的消息，她没有表现出任何震惊与失态，她只是微笑地听着，在她心里，阿卜杜拉是什么身份并不重要，重要的是他现在是自己的丈夫，而且他深爱着自己。

她的婚后生活平淡有序，但是在 1999 年，命运突然把她推上了风口浪尖。那一年，老国王侯赛因在弥留之际把王位传给了阿卜杜拉，于是，在 28 岁的年纪，她成了当时世界上最年轻的王后。

成为一个国家的王后，她虽然有些意外，却并不慌乱，除了要履行王后的职责外，她依然按照自己的步调生活着。

虽然成为王后，但她从不因循守旧，也从不高高在上，她热爱自由并且非常关注平民，致力于改善约旦的国内教育；她开通个人网站，借助网络的强大力量，她消除了世人对阿拉伯世界的不少偏见；她爱玩微博，喜爱流行文化。2008 年出访法国时，除了会见萨科齐夫妇，她还见了 U2 乐队主唱波诺；2009 年，苏珊大妈一红火，她随即就在微博上跟帖为苏珊大妈打气；虽然王室公务繁忙，做母亲很辛苦，但她还能抽出精力写儿童书，由于热心慈善事业，她写的四本书的收益都捐献给了教育慈善机构。

作为焦点人物，她的一举一动都备受关注，虽然从未刻意表现，但骨子里的优雅还是展露无遗，美貌、智慧、亲切、善良，她已成为阿拉伯世界最激励人心的女性。

2009 年 6 月 9 日，在阿卜杜拉登基 10 周年的庆典上，她特地穿了 10 年前丈夫登基当天穿的那件衣服，为了契合时尚，她还在衣服加上了银色的腰带，并把袖子改短。这就是她的风格，技巧地将现代与传统进行了完美结合，无论是服饰还是生活，都是如此。

这位美貌绝伦的约旦王后，五官永远轮廓分明，衣着永远时尚迷人。她在接受美国名嘴奥普拉·温弗瑞采访时说:“很多人以为，时间是最大的敌人，但对我而言并非如此，最重要的是看你怎么理解时间与生活的关系。随着时光沉淀，我发现自己越来越自信，越来越稳重，不会纠结小事。所谓‘变老是坏事’的看法是错误的，我没想着要对抗年龄，我只会忙于当下，并且接受它，享受它。”

在这番简单的话语里，我们终于捕捉到了她永葆优雅的秘诀：只要拥有一颗自信上进的心，时光之河就会浇灌出永远优雅的花。

她就是约旦王后拉尼娅，被誉为“世界上最美丽、最优雅的王后”“阿拉伯世界的戴安娜”。

最近之处是天堂

虽然出身贫穷，但他的理想却是做一个旅行家，像徐霞客一样游遍神州。大学毕业后，他放弃稳定的工作，放弃了娶妻生子的安乐之道，背起旅行包，义无反顾地踏上了游行之路。

在旅途中，他边打工边行走，尝试过许多工作，也遇到了无数的人与事。起初，他与人谈自己的理想，但人们总是用怀疑的目光打量他，几乎没有人认同他理想的意义，渐渐地，他不再喜欢与人交流，而是把心灵融入风景之中。

除了迷恋山水，在旅途中，他排解孤独的另一个方法就是读书。他读书有一个过程，起初读的是令心灵澄澈的名家游记，如《文化苦旅》《鲜花中的废墟》等；渐渐地，他又迷恋上了异国风情的小说，如《挪威的森林》《不能承受的生命之轻》《肖申克的救赎》等；后来，他便只读哲学类的书籍，如《苏菲的世界》《存在与虚无》等。随着读书的不断深入与路途的不断延展，他的心中渐渐形成了一个念头：要寻找一个类似天堂的地方，这地方也许并不美，但肯定会让他感动；这地方也许并不大，却能包容他的一切。

这地方或许永远也找不到，但他坚信它一定存在着。

此时，他已年近30，孑然一身，除了那份遥不可及的理想，再无一物了。他四处寻找着心中的天堂，却总是失望而归，他开始主动与人交流，并拜访了很多寺院和学堂，想找到一个能解开他心中疑问的人，虽然得到了无数答案，却总是无法令他信服。

35岁那一年，他来到了贵州山区的一个小村子里，这个小村贫穷至极，村民们每天要到30里外的地方挑水用于日常所用。鬼使神差地，他跟随一个老人一起走了趟山路，并帮他挑了两桶水，在返村的路上，老人与他闲聊起来。

老人说："我挑水挑了20多年了，其实，我们这儿有政府的送水车定期送水，但我还是喜欢自己出门挑水。"

他听了有些好奇，问："为什么？"

老人说："开始时，我总盼望路能短一些，这样，我就能早一步到家了，但后来，我发现这不可能，于是我开始在途中找些事做，或是唱唱歌，或是顺道拔些草药，渐渐地，我就觉得路不再那么长了。可是现在，小伙子，我却有了另一种感觉，我希望这条路越长越好，因为来挑水时我虽然离家很远，但归来时却会离家越来越近，我很享受这种回家的感觉，另外，我也很珍惜在外的时光，我虽然离开家，但做的每一件事却都是为了家，这会让我感到充实与快乐。你看，我在途中多采些草药，多听些笑话，这样，回到家也能给家人带去更多的快乐。”

他听了老人的话，突然心中一亮，问:“大叔，我想问你一个问题，你觉得对你而言，最重要的地方是哪儿？它离你远还是近？”

老人笑呵呵地说:“最好的地方，当然是家了，它永远是离我最近的。因为，它就在我心里嘛。”

他恍然大悟，情不自禁地加快了向前的步子，老人在他身后焦急地喊道:“小伙子别跑这么快，是想家了吧？那就别挑水了，放下就行。”

他没有言语，一直把水挑到老人家里，才告辞出来，然后用最快的速度到了当地的车站，辗转倒车，于第二天中午回到了家里。

一路上，他体会到了老人所说的那种感觉，觉得有一种想倾诉的欲望正在吞噬着他。原来，他最想与之分享自己旅途的，是那一辈子未曾出过远门的乡下父母。

他终于明白了一件事，原来，自己立志做一个旅行家，正是源于父亲吁叹着从没踏出过小山沟，正是源于母亲叹息着从未读过书，那个藏在心中的理想，原来就是父母种下的一粒种子，现在，他要把这粒种子结出的果实还给他们。想着想着，他仿佛已经看到父母见到他归来时的喜悦模样了。

有很多人会问，天堂究竟在何处？其实，最近之处即天堂。至于最近之处是何处，试问一下，还有比家离你更近的地方吗？因为，它一直都住在每个人的心里。

唯有心怀天地，才能无私

从前有个徒弟求教于水墨大师门下，苦学半载却仍不得要领。

每每看大师作画，也不见大师如何运力屏息，只寥寥数笔，勾勒的线条便清晰明亮，一股浩气跃然纸上，四周的空气竟也变得灵动起来。徒弟数次临摹大师画作，粗看并无二致，但细嚼之下，却总觉得大师之画若兰香在齿，而自己的画则索然无味。

徒弟询问大师，大师只是微笑不语，被问得急了，便说了一句：“火候未到。”

徒弟于是每日苦练画工，又过了半载，画技渐臻成熟，何处重墨何处漫笔均已驾轻就熟，遂挑一艳阳高照之日，沐浴更衣，焚香铺纸，落笔作画，一气呵成，见画作工笔严谨，笔墨轻重均恰到好处，一眼看去不禁得意之极，但第二眼望去却觉得缺了一点东西，再看之下此种感受更浓。过了半晌，竟觉得整幅画作变得无一是处，于是邀大师评价，大师观画之后，只留“无懈可击”四字便飘然离去。

徒弟思之，难道这问题藏在这四字之中？莫非无懈可击竟是此画的诟病所在？

见徒弟百思不得其解，大师心中微动，却欲言又止。

如此过了一日，午夜时分，徒弟苦思之下心智渐乱，突然发狂，一把拿起画作便撕扯起来，不过瞬间，苦心之作已化作片片废纸洒落院中。

疯狂之后，徒弟突然安静下来，此时夜色浓重，徒弟举头望天，但见天心月圆不盈一物，低头望地，只见满地破碎的纸片，徒弟突然顿悟，原来自己与大师的距离便在此处。

徒弟大笑出声，顺手挥起手中毫笔，在墙壁一角涂鸦起来，但见手腕随月色摇曳不停，落笔之处无一不让人惊喜，转瞬之间，画作已成。

徒弟也不言语，将手中毫笔一扔就此离去。

大师在窗前观之，抑制不住心中的激动，双手竟微微颤抖。历经数载，这百年衣钵终于觅得了传人。

原来，这作画之道，在于心怀天地，唯有如此，才能无私，才能绘这世上之物，笔下之物才能拥有天地灵气。这一点灵机，却是只可意会不可言传的。

其实，何止区区作画一事，这世间万物都是如此。

第四章

坚持也讲智慧，职场中要多给自己的大脑充点值

职场也是一个江湖，要想在职场中有所作为，

在坚持勤奋与付出的同时，也要具备思想与智慧，

唯有如此，才能在千变万化的职场江湖中游刃有余。

你不低调，坚持干到死也没用

朋友在一家银行工作，是绝对的业务骨干，不但精通业务，而且工作积极性高，客户群众多，每年业绩排名都第一。但奇怪的是，朋友每年都被列为重点提拔对象，却从来没有晋升过一次，这让朋友很郁闷，大家聚会时，他总是不停地诉苦，却又找不到原因。

这一天，我恰巧到朋友银行办理一笔业务，终于看到了他真实的工作状态。由于我办的业务不属于他的业务范围，从我进银行大门的那一刻起，他只来得及跟我打声招呼，便再没有时间与我交谈了，整个上午，他忙前忙后根本停不下手。在此期间，又有好几个客户走进银行，都不约而同地点名要找朋友办业务，他脸上一直挂着微笑，不停地说着话，根本无暇顾及其他。这个时候我注意到，与朋友的忙碌形成鲜明对比的是，他周围同事的悠闲自在，有的甚至无事可做，同事们看着他的眼光虽然带着笑意，我却在其中看到了一丝丝的“异样”。

那天直到我走出银行，朋友也没来得及跟我寒暄两句。下班后，我给朋友打电话，约他一起吃饭，在饭桌上，我对他说：“你升不了职的原因我找到了。”

朋友又惊又喜地问我:“真的吗?原因到底是什么?”

我说:“你太高调了。”

对于我的这个答案,同事目瞪口呆,我接着说:“你把客户都拉走了,你的业绩是有保障了,但是,你的同事怎么想?你的上级来检查,看到你这么忙其他人这么闲,一方面可能觉得你工作积极,可另一方面就会觉得其他人不努力。对于一个单位而言,好的收益并不是单靠一个人的全心付出带来的,领导表明上像是显得很高兴地夸赞你,但心里看到这种局面一定不会舒服的。”

朋友呆了半天才慢慢地说:“我这人一工作起来就啥都忘了,根本不是什么故意显摆,难道全身心投入工作也有错吗?以客户为上帝,提高工作效率可是我们单位的规定啊!”

我笑着说:“职场也是一种生活,要有高水平的业务,也要有高水平的为人处世的能力。你看你,业务水平是高了,可也在不知不觉中变得高调了。你可以试着站在同事的角度想一想,你是不是高调了?”

朋友想了想,不好意思地说:“好像是有点过于高调了。在工作场所,一个人忙而其他人闲确实会让别人尴尬的,而且客户一来就点名找我,无形中就是对其他人的轻视,时间长了,同事们就不自觉地对我产生嫉妒和嫌弃心理了。”

我点了点头说:“木秀于林风必摧之。这句话是有道理的,特别是在一个团队中，我觉得你在学业务的同时，也要学学与人相处的哲学了。”

听了我的话，朋友深以为然。从此后，他在继续保持工作热情的基础上，便刻意加强了与同事间的交流，主动帮同事介绍客户，解决难题。虽然他的业绩量有所下降，但同事的业绩量和工作热情都有了明显提升，银行的总业绩量也得到了大幅增加。他的改变也被上级领导看在了眼里，前不久，他毫无争议地被提拔成了部门负责人，有了一个更大的发挥能力的舞台，也有了更多的继续前进的动力。

害你的，从来不是别人

王丽大学毕业后进入一家银行工作，由于初来乍到，领导安排她在银行大堂做引导工作，和她一起搭档的是刚刚通过试用期的刘华。

一直是大学优等生的王丽对于这样简单的工作手到擒来，但同时觉得有些大材小用。她用最快的速度记下了银行每个部门的职能，在了解顾客的需求后，便快速准确地引导他们到相应部门办理业务；服务的时候，她总是面带微笑，语气温柔。可是，令她始料未及的是，一个星期过后，领导告诉她，她的客户满意率要远远低于刘华，工作效率也要低很多，甚至还有客户投诉她工作漫不经心。

王丽大吃一惊，其实，她一直没把普通大学毕业的刘华看在眼里，尽管两人都是做同一工作，但她只是把这份工作当作走向更高岗位的跳板，而且她认为自己的工作根本没有出现任何差错，难道是刘华在暗中捣鬼？

王丽想起刘华曾在上班第一天告诉她该如何做好这份工作，但她听了不到一分钟就借口有事离开了，难道是因为这件事让刘华报复她？如果是这样，那刘华真是不个不折不扣的小人了，阴险狡猾，睚眦必报，而最可恨的是，刘华平时看到自己还很热情地打招呼，看来，是时候拿出把“照妖镜”来让她露出原形了。

第二天，两人一同在门口迎接客户。很快，一个衣着时尚的年轻人匆匆赶来，刘华连忙迎上前去，年轻人告诉她自己要取十万元钱，刘华告诉他，取大额现金需要预约，小伙子突然发起火来，引起了众人的围观。这时，王丽上前，不紧不慢地对刘华说，这位客户已经预约了。说完就带着小伙子办业务去了。办完业务后，小伙子把刘华给投诉了。

小伙子走后，一对老夫妻来到了银行，刘华连忙上前引导，可老夫妻都有些耳背，虽然刘华声调越来越高，但他们还是听不清楚，反倒是影响了周围办业务的人，这时，又是王丽不紧不慢地取出一只助听器递给了老先生，然后带着他们顺利办理了业务。不出意外，这次，投诉刘华的人又多了两个。

看着眼神有些落寞的刘华，王丽不禁暗暗得意。原来，那个年轻人是王丽的男朋友，老夫妻就是王丽的老爸老妈，他们听了王丽对刘华的“血泪控诉”后，才来到银行一起配合演了这出戏。

可让王丽有些奇怪的是，刘华自始至终没有半点辩解，反而很快就把情绪调整了过来，而最令她郁闷的是，刘华居然还专门对她表示了感谢，对她记起客户昨天已经预约取钱和自备助听器的行为大加赞赏，这可跟她想象中恼羞成怒现出原形的情景大相径庭。王丽想，莫非是这照妖镜法力还不够？看来还要再下点猛药。

第二天，刚一上班，领导就找刘华谈了话，批评了她工作中的失误，表扬了王丽。

王丽微笑着说：“领导，这是我应该做的，前段时间我也被投诉过，我觉得刘华会汲取教训的。”说着，她意味深长地看了刘华一眼。

刘华终于感觉到了异样，从领导办公室出来后，她找到王丽，说：“我们之间是不是有些误会啊？”

王丽说：“谈不上误会吧，只是我觉得很奇怪。我的工作没有任何差错，都能得到投诉，而你出现这么明显的失误，才能有投诉，你不觉得这很奇怪吗？”

刘华笑了，她说：“王丽，你真的误会了，我想，你一定是太沉浸在工作中了，不知道自己给别人的印象是什么样的。你只是机械地让客户给你打分，从来不看分打得怎么样，也不问原因。这样吧，一会咱们让来的顾客谈一谈，我想他们的眼睛是雪亮的。”

很快，第一个顾客来了，王丽上前接待了他，临走前，王丽让他给自己的服务打分，看到自己得到的是一个合格，她有些生气，就问顾客自己哪里做得不好。顾客说：“你的服务确实没有出错，但你的表情挺假的，虽然在笑，但眼睛总是游离不定。虽然说话声音不大不小，但头总是昂起来显得高高在上，这让我有点不舒服。你看你那位同事，就比你真诚多了。”

听了顾客的话，王丽若有所思，接下来又接待了几个客户，她刻意改正了自己的言行，临走前，有一个老客户笑着对她说：“小王，你好像变了一个人，以前是骄傲的白天鹅，走个路都趾高气扬的。漂亮是漂亮，可与这里有点格格不入，现在你成了谦虚的小花鹿，虽然谦虚谨慎但显得不大高贵，这样才配得起这身制服嘛。”

客户的话让王丽羞愧不已，她终于认识到了自己的不足，下班后，她找到刘华，向她真诚地道了歉。

刘华笑着对她说：“昨天来的那个小伙子，是你男朋友吧？”

王丽奇怪地问：“你怎么知道？”

刘华说：“昨天你俩那眼神，一看就明白了。”

王丽恍然大悟，说：“看来我搬来的这面照妖镜没有照到别人，反而把自己的缺点给暴露出来了，刘姐，谢谢你，你教给了我职场上的规矩，也教给了我做人的道理啊。”

厌了？倦了？好巧，我也是

我有一个朋友，为人热情，能力出众，是个不可多得的人才，但是他却有一个问题，就是在一个公司总是待不长久，长则一两年，短则两三个月，他就会辞职，问他原因，他总是很无奈地说："我也想安定下来啊，可是这工作总是周而复始一个样子，太枯燥了，我失去了兴趣，实在没办法勉强自己，只好辞职了。"

因为总是安定不下来，朋友的职位总得不到晋升，待遇也始终维持在一个较低的标准。工作上不顺心，生活上也过得不如意，至今已经年近 30，仍然是孤家寡人一个。

看着朋友日渐颓废的样子，我们都替他着急，可是平时各自的工作生活都很忙，也没有时间和精力帮助他，后来只是听说他又进了一家广告公司工作。

转眼半年过去了，大家再见到他，竟然发现他意气风发神采奕奕，和半年前简直判若两人。大家都很奇怪，问他原因，他微微一笑，却不回答，而是先把身旁的一个漂亮女孩介绍给了我们，大家都以为这是他的女朋友，可他的回答让我们大吃一惊：这个漂亮女孩竟然还是他所在公司的副总。

女孩的话解开了我们的疑问。原来，朋友一进公司，公司管理层就发现他是个人才，很有创新精神，很符合广告公司的要求，但他有一个毛病，就是对不新鲜的事物提不起兴趣，如果环境、工作总是一成不变，就会不知不觉地消极怠工。公司发现，其实这个问题所有员工身上都有，只不过有的表现轻有的表现重。

公司对这个问题很重视，专门咨询了心理分析师，得知这是一个心理问题，也是现代职场普遍存在的问题，要解决这个问题，就要从员工的角度出发。于是，公司开始着手解决这个问题，他们不再局限于单一的办公环境，而是不定期地更换新的工作环境，根据四季的不同更换办公室的装饰和花草。员工刚刚对一个环境有了厌倦感，不久就会发现一切都变了，工作的热情自然也高涨起来；为了调节紧张的工作气氛，公司还举办过创意恶搞大赛，如果谁能搞恶作剧搞得所有人大笑，公司就出钱请这人吃饭；此外，公司还开展过公司员工全家游公司、爱心晚会等一系列活动。

如此种种方法，让公司的员工始终保持着工作的活力和创造性，也对公司产生了深深的归属感。我的这个朋友在这种环境下天天激情昂扬，哪里还想离开？他现在升职为项目经理，而且还追到了公司的副总做女朋友。

看着一脸幸福的朋友，大家除了替他高兴，也在心里暗暗思忖，回头也要把这种职场保鲜的方式向领导汇报一下。因为患有职场厌倦症的人可不在少数，要想工作出成绩，这病可要及时治。

我的“敌人”成就了我

我有个同事，我们在工作方式、为人处世方式上都有着天壤之别。我奉行的是“事缓则圆”的工作原则，而他则是雷厉风行一往无前；我奉行的是“对人对事退一步想一想”的为人处世原则，而他则是典型的“对事不对人”，只要认为自己是对的，就从不给人留面子。

这样一来，我们在日常工作中便产生了不少碰撞。我和其他同事都能和谐相处，但唯独对他，我就是退不了一步，结果可想而知，我们除了必要的工作交流，几乎从来不说一句话，甚至在路上遇到连个招呼都不打。

奇怪的是，他和我的工作业绩在公司里却一直不相上下，每季度末业绩测评不是他第一就是我第一，于是我们就在暗中较上了劲。我的长处是和客户关系好，有固定的客户群，而他则总能吸引新的客户加入。可我们的短处也都是很明显的，我吸引新客户的能力平平，而他的客户往往也合作不长久，因为他的脾气太直了。

为了胜过彼此，我们都在努力弥补着自己的短处。

就这样斗了一年多。有一天，他突然宣布要请大家吃饭，原来，他就要离开公司了。在那顿告别晚宴上，他喝得酩酊大醉，突然拉着我的手，说了半天谢谢，他说，因为有了和我暗中较劲，他才会不断努力提高自己的业务水平，才有了这次跳槽到其他公司担任更高职务的机会。他边说边看着我，眼睛里竟然有亮晶晶的泪水。他还是那么心直口快，这是他一贯的风格，我相信他说的是心里话。那天，我的手被他紧紧拉着，心里竟然也有些舍不得他走了。

不久，我被提拔为公司的业务主管，这时我才明白，原来我们代表着职场中最常见的两种人：一种是心细谨慎的，一种是胆大勇敢的。我们表面上彼此矛盾，但实际上却是彼此互补，正是因为有了彼此这样的敌人，我们才会时刻感到一种压力，而这种压力会转化为动力，激励着我们不断地提升自己。

比起不明就里的努力，找准定位更重要

我的朋友小李一直是朋友圈中的佼佼者，今年他研究生毕业后成功应聘进入一家外企。大家为他开了个庆功会，庆功会上，小李信誓旦旦，发出了“一年成主任，三年当高管”的豪言。

大家鼓掌之余，心里也有一丝嘀咕，小李虽然聪明，但是毕竟没有职场经验，这样高调会不会适得其反呢？但是一想小李是在唯能力是举的外企，也就把劝他低调一些的话又咽回了肚子里。

三个月后，因为另一个朋友庆祝升职，我又见到了小李。小李神采奕奕地对我们说，他的工作得到了高管的高度认可，据同事们说，他已被列为重点培养对象。听了小李的话，大家都替他高兴，但那个刚刚升职的朋友却告诫小李，不要过于乐观，工作最好还是要低调一些，成绩也不要过于张扬，尤其是对一些没有实现的事，最好不要在工作场所乱说。

小李听了却不以为然，撇撇嘴又喝酒去了。那位朋友看着小李离去的背影叹了口气说，其实一帆风顺不是个好事，因为只有真正经历过困难的人才能取得真正的成功，在职场中如何定位自己才是第一位，这里面学问大着呢。朋友的话让我们不禁若有所思。

又过了半年，我再一次见到了小李，果不其然，他像霜打的茄子一样，无精打采，大家问了他半天，这才知道，原来小李公司最近晋升了一批员工，但他榜上无名，他找过高管，可高管根本不给他解释，问急了，高官直接告诉他不愿干可以辞职。

这时，我想起了半年前那个朋友说过的话，就对小李复述了一遍。听我说完，小李睁大了眼睛，过了半天，他才说："看来我真是错了，我在公司是个新人，是个普通员工，我就得把自己定位成普通员工，定位成新人。只有把本职工作干好了，而且事事从公司利益出发，上级才会看重提拔的。"

那天，我找上那位朋友一起，和小李深谈了一次，大家分别的时候，我看到小李眼里的神采又回来了，整个人也变得精神了不少，与以往不同的是，这次的小李不再毛躁和高傲，而是变得成熟稳重起来了。

前几天，我又见到了小李，他已经是公司的部门经理了。和他聊天，我再也见不到那个盲目定位自己的年轻人了，我心中暗暗高兴，他终于找准了自己的职场定位，一步一个脚印向着人生巅峰稳步行进了。

做一颗职场解药

小李是我同事中最聪明的一个，名牌大学毕业，什么东西一学就会，业务熟练而且口才极好，是公司公认的才子，也是公司管理层的重点培养对象。小李本人也非常努力，业绩考核一直名列前茅。

而小张与小李截然不同。小张是和小李同一批进公司的大学生，但小张一直事不显山不露水的，每天只是默默做好本职工作，虽然业绩一直跟小李不相上下，但他低调的作风却让他很快就成了和大家一样的凡人，每天朝九晚五，过着白开水一样的平淡生活。

这样两个人，却始终无法和谐相处。这事儿的起因是小李，两人当初一起来公司报到时，本来是小张先到，但和主管话没说两句，小李就咄咄逼人地进了公司，并很快和主管攀谈起来，大谈自己的优势与抱负，把小张晒在了一旁，一直到小张实在气不过，提醒小李有个先来后到时，小李才极不情愿地让小张先办了手续，但这样一来，两个人的“梁子”算是结下了。

工作中，两人虽同在一个办公室，却一直不大交流。由于小李光芒四射，小张更是成了透明人，但小李却不这样想，他经常在工作之余，忍不住要打趣一下小张，如果小张工作上有了点成绩，小李就会嗤之以鼻地说：“小小成绩也值得拿来显摆？”如果小张工作上出了点小纰漏，小李更是会大肆宣扬，力数小张的种种不是。与小李相反的是，小张一直是不温不火的样子，也不跟小李生气，工作该怎么干就怎么干，闲话是一点不说。

终于有一天，公司公开招聘副主管，小李自然是第一个报了名，小张也报了名，而最终竞聘的结果却让人大跌眼镜：小张竟然以绝对优势战胜小李成功当选。

竞聘结果公示之后，小李一直牢骚不断，当公示结束公司老总亲自宣布小张正式上任时，小李又开始发起牢骚，老总也注意到了众人疑惑的眼神，但却并不生气，而是慢悠悠地问：“大家知道养鱼的人最怕什么吗？”

听到这个毫不相干的问题，大家都有些茫然，老总却笑着说：“最怕毒药。也许大家会说，哪来的这么多毒药？其实，鱼群里最大的毒药就是鱼本身，如果鱼群里有一条非常强大的鱼，它就会称王称霸，而且会打压其他鱼，这条强大的鱼就是毒药，所以养鱼的人一旦发现这样的鱼存在就会很矛盾，想处理掉它却有不舍这鱼长得大，于是就得找些解药了。这解药嘛，就是一条同样有力量却不称王称霸的鱼，只要它在，就能让霸王鱼嫉妒并且收敛，间接保护了其他鱼，从而促进鱼群的集体成长。你们说，这毒药和解药我选得对不对呢？是不是最好的选择呢？”

听了老总的话，大家恍然大悟，小李却羞愧地低下了头。

人只能往上走吗?

职场中的方向只有向上一条吗？几乎所有人都会给我肯定的答案，诸如“不想当将军的士兵不是好士兵”之类的话等。所有人都言之凿凿，似乎只有认同这样的答案，才能在职场中值得信任。

但事实上，大部分人还是在平凡的岗位上兢兢业业工作了一辈子，不是没有向上的念头，而是向上的路毕竟要窄一些，不是每个努力的人都能挤得上去，那么，挤不上是不是就意味着他们的职场生涯失败了呢？

老何是我的一位同事，他一辈子都在干着同一个工作：司机。期间很多司机同事都升职了或是转行了，只有老何从青年一直干到退休。业务上，老何是骨干，能开车也会修车，技术优秀；为人处世上，老何更是楷模，提起老何，无论上级还是同事都是连竖大拇指。但是，老何的职场生活似乎从头到尾都是在一条水平线上，自始至终都没有向上进一步。老何难道就甘心这样吗？

我问过老何这个问题，老何居然给了我一个出乎意料的答案。他说，他的职场也是有方向的，就是一直向前，这些年他一直在向前，在单位扎下根，获取应得的报酬，工作安心顺意，职场气氛和谐。小伙子，职场的路不只一条，不一定非要向上嘛。

老何的话说得实在，细细一想，事实果然如老何所说。这些年来，老何的工作岗位虽然没有变化，但他在无形中得到了很多。单位人脉深厚，业务技术精进，经历过数次单位改革依然平平安安，难道这不也是一种职场成长吗？

60 岁的老何活得悠闲自在，可 20 岁出头的小高却不认同这一切。名牌大学毕业的小高只有一个目标，就是努力向上，实现自己的职场价值。

小高从基层干起，很快就把业务知识学精了，日复一日的重复工作让小高产生了厌烦情绪。他认为一项工作在学会之后再反复去干，对自己来说就是一种精力的浪费，于是就常常去找领导要求调岗，在把所有岗位轮转一遍之后，小高发现自己没什么要学的东西了，于是便要求参与到领导层，只是这一次，小高碰壁了。

以前，小高要求调岗，领导都会说这小伙子爱学习，非常支持，但是，主动要求升职的小高却引起了领导的反感。因为公司有自己的规划，小高虽然是重点培养对象，但要想成为合格的领导者不仅仅需要精湛业务，更需要良好的心态，才能更好地管理人员和参与决策。如果没有大的格局观，没有沉下心、放下身段的稳重，是不具备成为优秀领导者的要求的。

听不进领导话的小高选择了辞职，他振振有词地说，人生有限，必须只争朝夕。只是，大家后来听说，离职后的小高发展得并不顺利，他过于看重了职场的高度，却忽略了职场的宽度与自身的厚度。

看过了老何与小高的职场经历，孰胜孰劣一目了然。其实，他们最初选择的职场方向都是一样的，只是在努力的过程中发生了偏差。事实上，职场与人生其他事情都一样，都是一个水到渠成的过程。过于执着反而是一种阻碍，经过努力，职场最终的方向一定是向上的，不同的是，这种向上更多的是一种个人体验与综合提升，而不是简单的升职加薪。

管得那么宽，领导不喜欢

我有一位同事老陈，工作业务水平很高，工作经验非常丰富，但是工作十多年了，一直都是一个小小的办事员，始终不见提拔，究其原因，竟然是因为工作经验太丰富和业务水平太好了。

单从字面上看，这是非常矛盾的。哪个领导不喜欢工作经验丰富、业务水平高的员工呢？但问题在于，老陈虽然资历很高，业务很精，但却好为人师，不仅喜欢当新员工的老师，而且在一些领导和老同事面前，也总是喜欢摆出一副谆谆教导的样子。

小王是刚到公司上班的大学生，上班第二天，老陈看到小王在打扫卫生，禁不住微笑着说：“小王，不错啊，刚上班时要低调一些勤快一些，不过，我可得提醒你，不要耽误工作啊。咱们公司的报表系统比较复杂，你得用心学啊。”

小王连连称是，老陈志得意满，可是这一幕落在了办公室主任眼里，心里就不是滋味了，因为这些话本来应该是他说的。

一个月之后，小王也开始厌烦老陈了，因为老陈每天都要这样“教导”他一番，大到重要数据，小要打水拖地，都要提点一二，令小王觉得浑身不自在。渐渐地，小王就不那么尊敬老陈了，对老陈说的话越来越不耐烦，有时也会顶老陈两句。而与此同时，办公室主任也看老陈越来越不顺眼了，年底的评比，老陈自然就得不到这两人的好评了。

在新员工面前当当老师倒没什么，但在领导专家面前旁若无人地夸夸其谈就令人反感了。有一天，公司召开全体员工会议，会议上，领导讲完话，提议大家可以简单发表一下意见，老陈立刻站起来，接着就喋喋不休地讲了起来，一个人足足讲了半个小时，领导脸上的微笑都僵住了，虽然最后领导表扬了老陈，但还是毫不犹豫地把老陈所有的意见都给否定了。

老陈乐此不疲地当着所有人的老师，“好为人师”的习惯简直是无处不在。其实，老陈所有的出发点基本上都是好的，工作上挑不出任何错误，说的事情也都有些道理，但老陈忽略了一点，职场不是他一个人的，如果只是按照自己的想法说话做事，而不顾及别人的感受，自然就会被人排斥，久而久之，不但当不成老师，恐怕还会被打入“冷宫”。这样看来，老陈工作十多年还是原地不动的原因就可以理解了。

拼“后台”，一定能成功?

我在大学里一直就是优等生，毕业后顺利进入一家大公司实习，我准备好好把握，在实习期做出些成绩，早日成功转正。更让我底气十足的是，我的一位亲戚就在这家公司担任要职。由于这层关系，让我有些飘飘然，在学校里的那股傲气便不经意间表露了出来。因为是从最底层的职员做起，让我有种大材小用的感觉，所以面对办公室主任的调拨安排经常不以为意。

因为业务不熟悉和粗心大意，我接连出了几回错，心里多少有些忐忑，可大家碍于亲戚的关系，并没有正面批评我。在一次次的容忍后，我变得更加自满，往往是错了也不知道错在哪里，甚至错了也不知改正。终于，在又一次犯下低级错误后，办公室主任向上级申请将我调离办公室，不料这事被我的亲戚知道了，他很不高兴，专门把主任叫去谈话，说我在大学里就是优等生，一定能把工作干好，硬是把我留了下来。接下来的日子，主任经常帮助和提醒我，希望我能胜任这份工作，可我在得知主任找上司调离我的事情后，觉得他是有意针对自己，误解让我变得有些歇斯底里，在工作中表现得极其强硬，有的时候错上加错。这段时间，亲戚一直很照顾我，也找我谈了几次，可是碍于亲戚关系，每次都是点到为止，这反而更助长了我的情绪。结果，这三个月实习期，我什么技术都没学到，反而每天陷于钩心斗角的猜疑中，实习期一结束只好灰头土脸惨败而归了。

沮丧的我再也没有了自信与勇气，天天借酒浇愁。有一次朋友聚会，我又喝多了，一位朋友见状，向我问起原委，我就把这一切都告诉了他。他听了我的讲述，立刻意识到了问题所在，他对我说："你的失败其实并不是偶然，要知道过去的成绩只能代表过去，在新的环境中，必须一切从零起步。你的亲戚在公司确实能帮助你，但也许会帮倒忙，如果他是直截了当地对你划清工作和私人的关系，也许你就会沉下心来工作，就不会这么失败了！其实，职场新人最忌讳的就是职场亲人，因为职场亲人会让新人的成长变得不正常，你想想那些成功人士，有几个人是靠着家里关系成功的？"听了他的话，我终于意识到了自己的问题所在。

很快，我又应聘去了一家新公司，很快因为业绩优秀被破格提拔为管理人员。在这家公司里，我毫无背景，完全凭借自己的实力获得了成功。我开始静下心来努力干好每一项工作，再也不炫耀自己过去的荣誉，因为我明白，任何时候都是一个新的开始，面对未来，我不能依靠任何人，只能从零做起。

少说“不知道”

作为一个职场新人，我每天都会尽职尽责地完成自己的工作，而且始终坚持实事求是的工作原则，一不偷懒打滑，二不炫耀浮夸，但还是有过两次失败的工作经历。

第一次是在一家广告公司，那是我上班的第三天。下午一上班，主任来到我的办公室，看到只有我一个人，就问我刘副主任去哪儿了？我说不知道，主任没有说话，转身走了。我并没有觉出丝毫的不妥，因为副主任是我的顶头上司，他不可能有事外出还要向我汇报。可是第二天，主任又来了，问的还是一样的问题，我又说了声不知道，主任这次脸色有点难看，但还是没说什么就走了。

过了一个星期，主任告知我没有通过公司的实习考察，我百思不得其解，后来还是听一位同事说了才明白真相，原来，问题就是出在我说的那两个“不知道”。我所在公司每天早上各个办公室都会开会，副主任会安排所有人的工作，并且会通告自己一天的工作，所以我不可能不知道副主任在忙什么，一次可能情有可原，但两次就有些问题了。主任显然认为我不关心公司的事情而总是以自我为主，然后把我和其他人一比较，我被淘汰自然就不奇怪了。

第二次是在一家人力资源公司。我在这个公司是干得比较不错的，上司和同事都比较认可我，可眼看就要实习期满转正的时候，出问题了。那天，一个客户来到公司，当时办公室就我一个人，于是我就接待了他。这位客户经营着一个餐厅，想找两名手艺好的厨师，我就把厨师的资料调出来让他挑选，不料他却不耐烦地把资料放在一边，反而跟我不停攀谈起来，一会儿问本地人喜欢吃鲁菜还是吃川菜，一会儿又问川菜中有什么名菜，怎么做才好吃，还有本地的菜价如何，本地哪种土特产比较有名……当时我手头上还有一堆工作，对他的提问本就有些厌烦，偏偏他问的事我大多数还真不知道，于是，我就随口说了几个不知道，打发走了他。后来，我才知道，他把我投诉了，说我态度不好敷衍了事，结果我又一次丢了工作。

经过这两次教训，在以后的工作中，我特别注意了这一点，无论在什么情况下，我都尽量少说“不知道”，因为这三个字在职场环境中往往包含着一种不尊重对方的意味，所以一定要慎言。

极端的“快进”，除了疲劳什么都得不到

小张大学毕业后进入了一家IT公司，勇于上进的他立刻全身心地投入到了工作之中。每天，他不仅要完成上级安排的工作，还会为自己量身订作了一套“快进”计划，每天要学习大量业务知识，还根据公司规划把一些工作揽到了自己身上。用小张自己的话说，这叫“迅速进入角色”。小张心里一直有个计划，两年内当上副主任，五年内进入公司管理层。

转眼半年过去了，小张的生活除了工作再也没有其他事情。他没有看过一场电影，没有参加一次同事聚会，甚至没有参与过一次同事间的闲聊。在公司里，小张迅速变得知名起来，大家都知道企业规划部来了一个“拼命三郎”。

因为埋头干工作，除了在同一办公室的同事，小张几乎不认识其他人。在公司大楼里，小张永远是最忙碌的一个人，除了工作从来不做其他事，这让他成了一个另类，大家都有点不适应有个这样的同事。

年终评比，小张毫无疑问地被评为优秀员工，但是，颁奖会上公司经理的一句话却让小张心里凉了半截：“小张是个好同志，埋

头工作兢兢业业。那天，公司李董想提点他一下，让他到办公室坐坐，他都毫不犹豫地回绝了，说自己还有很多事要做，这种精神真是让人感动啊。”

小张想了半天，才想起前几天确实有个中年人让自己下班后到他办公室坐坐，可他根本不认识那人，而且他的业余时间也被安排得满满的，就一口回绝了，真没想到，那人居然是公司李董。其实，小张也不是没有见过李董，但是印象很模糊，他一直在自己的计划中“快进”了，连点停下来的时间都没有，竟然连上司的样子都记不清楚了。

从这件事上，小张有了教训。他从繁忙的计划中抽出了点时间，盘点了一下自己是否还犯过类似的错误，结果不盘点不要紧，一盘点顿时把他吓了一大跳。

小张发现，自己因为一直忙于工作，没有给办公室打过一壶水，没有打扫过一次卫生，甚至连上下班遇到同事时都从未主动说过一句“你好”。他在公司里的人脉几乎为零，而这一切都是因为他太忙了，“快进键”一按下去，自己都控制不住自己。现在，公司里有人传言小张过于清高，眼高于顶，还有人说小张是个一根筋……这些传言令小张头疼起来。他痛定思痛之后，决定改变自己，但是，这种“快进”状态一直用了两个月时间才调整过来。

这时，小张也终于明白了，职场中绝对不能一味地按下“快进键”，快或者慢要因人而异，更要因时因地而异，这里面的学问大着呢。

理直气壮地去求职

大学毕业后，我曾经四处求职，每到一处，我都斟字酌句小心翼翼，唯恐一不小心，得罪了面试官，可是即便这样，过了半年，我还是没找到一份工作，每次都是被卡在了面试这一关。

我非常郁闷，作为大学里的优等生，我各方面条件都不错，却一直没有得到施展的机会。虽然我一直没放弃继续找工作，但这样下去也不是办法，看着同学们一个个都找到了工作，并且干得如鱼得水，我是急得欲哭无泪。

在一次同学聚会上，同学们看到我面色憔悴，都关切地问我原因，得知我的困境后，他们帮我把求职过程梳理了一遍，终于发现了问题所在。

原来，我把自己的位置放得太低了。现在是一个平等开放的时代，只要有本事不愁没公司要，我处处小心固然没错，但却显得有些底气不足，让招聘者感觉与求职简历上写的不符。事实上，在求职者渴望得到一个就业机会施展才华的同时，公司也对人才求贤若渴。如果应聘者表现得太过拘谨谦恭，可能会被公司认为缺少底气，没有开拓精神。

后来，我又得到了一个面试的机会，这一次，我开门见山地告诉招聘者，我来到贵公司志在必得，因为我本身具有很多方面的优势，相信一定能干好这项工作，然后我不卑不亢地讲述了自己的特点和优势。

招聘者看着信心满满侃侃而谈的我，心里的顾虑少了大半，当即拍板进行三个月试用，试用合格就转正。

现在，我已经是这家公司的业务部经理了，有时也负责招聘，每次招聘时，我会对每一个应聘者说，我们在进行的是一个双向选择，我不需要你向我负责，我只希望你对自己负责，对公司负责，如果能做到这一点，我就会给你一个证明自己的机会。

输了口舌，赢了心

朋友小张跳槽到一家新公司，在新公司，小张一改常态，每天默默无闻，只知埋头干活，而且，这种状态也延伸到了生活中。在例行的朋友聚会中，小张总是显得安静恬淡，坐在一个角落里喝茶，与往日那个飞扬跋扈侃侃而谈的形象大相径庭。

我深感奇怪，就问他:“小张，怎么突然转了性了，是不是遇到什么挫折了？”

小张听了我的话，却只是微笑着摇摇头，也不说话，令我一头雾水。

后来，我从其他朋友口中陆续得到了小张的一些消息。小张的新公司是一家 IT 类公司，竞争非常激烈，小张虽然业务精通，但也常遇到各种问题，特别是和小张一个办公室有两位同事，个性都是非常张扬，口才出众从不吃亏，每次公司开会都会抢着发言，把功绩往自己身上揽，把失误往别人身上推，由于小张像个木头一样只知道埋头干活，也就给他们背了不少黑锅。

听到这里，我在心里暗暗惊奇，因为按照以往我对小张的了解，他也是个非常好胜的人，这样的闷气怎么能忍得下来呢？这样下去，恐怕过不了多久他就又要跳槽了吧。

可出乎我意料的是，在接下来的朋友聚会中，小张还是一如既往的平静，没有一点我想象中的沮丧颓废。后来，我更听到了令我震惊的消息，小张不但没辞职跳槽，反而在这家公司升了职加了薪，他那两个赢了口舌之争的同事都变成了他的下属。

朋友们也都和我一样惊奇。在一次聚会中，大家团团围住小张，一定要他谈谈成功的经验，小张见拗不过大家，只好说出了其中的原委。

原来，小张之前跳槽的主要原因就是他那张扬的个性。在以前的公司，小张虽然也是尽心尽力，却因为太在乎口舌之争，把精力不知不觉转移到了工作之外，虽然赢了口舌，却输了心，失去了领导与同事的信任。他痛定思痛，决定重新开始，并一直坚持踏实工作少争口舌的原则，把所有精力放在工作上，尽量避免一些口舌之争，虽然表面上吃了不少亏，输了不少口舌之争，却赢得了上司的心。他的不懈努力也让自己迅速成为业务核心，成了公司不可或缺的人物，所以，加薪升职自然就是水到渠成的事情了。

听了小张的话，我才恍然大悟，原来，赢心与赢口的差距这么大啊！

感谢大嘴巴，赐我一颗大心脏

我有位同事是个大嘴巴，凡是她听见的事经她之嘴很快便会人尽皆知。时间久了，我们有什么事都不愿意跟她说，因为有些事虽然不大，但也是个人隐私，不宜广而告之。可是这位大嘴巴朋友还是个顺风耳，你不说给她听，她便会绞尽脑汁想方设法打听到，一旦听个大概，立刻便会传得有鼻子有眼。

生活中，大嘴巴几乎到处都有，而且，这类人还喜欢群居。试想一下，一个大嘴巴已经搞得满城风雨了，几个大嘴巴在一起必然是会兴风作浪的。你与大嘴巴争辩，只会把自己越描越黑，你若与她们为伍，人生观、价值观必然会被她们的嘴说得扭曲变形，那么，应该如何与大嘴巴相处呢？答案就是，磨砺一颗大心脏。

大心脏不是力挽狂澜的英雄豪杰，也不是危险之际显身手的正义志士，其实，真正的大心脏属于那种在琐碎与繁杂中仍能游刃有余的人，属于在平凡中仍能自在从容的人，属于在大嘴巴的环绕纠缠中依然坦然自若的人。

我的另一位同事就是一个大心脏，她与那位大嘴巴同事在一间办公室工作。两人低头不见抬头见，一个健谈，一个寡言，一个声传四海，一个沉默是金。这些年来，大嘴巴没有少说大心脏的事情，将她的一点小事放大，夸大缺点，点评是非，可事实上，短短五年时间，大心脏从一个见习学生成了业务骨干，从一个稚嫩菜鸟成了公司精英，而最近，大嘴巴嘴中这位几乎一无是处的大心脏同事更是从普通科员变成了科长。面对这一变化，大嘴巴终于有所收敛，却还是在背后愤愤不平连道不公。

我们这些旁观者却看清了一切。原来，这些年，大心脏在大嘴巴的“攻击”下变得越来越擅长处理各种突发情况了，面对大嘴巴不时施展的小伎俩小手段，大心脏从容面对一一化解，情商不断攀升，再加上业务也没有放下，于是被领导相中并提拔到重要岗位。

如果说大嘴巴是矛，大心脏就是盾，一个锐利却难以持久，一个钝实却不断积累，时日久了，获胜一方必然是主守的盾。因为它首先考虑的是如何立于不败之地，然后才是悄无声响地抵挡，耗光了对方的力量，又增长了自己的智慧，怎能不成为最后的赢家呢？

职场不倒翁：智慧比努力更重要

大学毕业后我四处求职，终于在一家广告公司谋得了一份工作。我很珍惜来之不易的机会，每天都上足马力加班加点，每项工作都力求完美，但是三个月实习期过后，主管却通知我没有通过实习，反而是和我一同进公司的小赵留了下来。

小赵每天嘻嘻哈哈的，工作时也常开玩笑，上级交给他的几个工作虽然完成了，但绝没有我完成得那么完美。我心里迷惑不解，还有一丝愤怒，难道是小赵走了不正当渠道吗？

那天下午，同事们一起送我，请我吃了顿饭，小赵也参加了，喝了几杯酒的我再也抑制不住心头的愤怒，我对小赵说："为什么我兢兢业业，你吊儿郎当，反而是你留下我走呢？"

小赵听了我的话也不生气，他说："其实，咱俩的工作能力差不多，但是我有一个职场不倒翁指导着，把握了职场的规则，所以就留下来了。"

我一听更生气了，说："是不是主管啊？有他帮着你，你当然不会走人了。"

小赵哈哈大笑起来，说："错了，错了，这个职场不倒翁是我在市场卖水果的老爸，我可是一点背景没有，主管对咱俩绝对是一视同仁的。”

看到我迷惑不解，小赵对我道出了真相。原来，他老爸卖水果十多年了，身边的摊位也不知换了多少人，唯有他屹立不倒，而且有稳定的客户群体。在市场竞争中，小赵老爸也经历过同行排挤和市场欺诈等困难，每次他都是以德报怨，宁肯自己吃点亏，决不因此得罪人。后来时间久了，他与大多数人化敌为友，但也有些人总是难以沟通，于是他就改变策略，通过打官司、良性竞争等手段将对手打败。

小赵正是从老爸身上摸到了门道，他告诉我：“有两种人无法在激烈的竞争中站稳脚跟，一是不按规矩出牌的人，二是永远按规矩出牌的人。职场之胜在于张弛有道，无论处在何种时期，完美都是不可能的，特别是在竞争环境中，适当的留有余地，反而会成就自己。”

小赵说：“你凡事力求完美，这当然没问题，但是要有一个前提：你不因此影响了别人。有几次，你在办公室加班到深夜，走时忘了关电暖器，主管发现后很生气，但因为知道你是忙工作，所以也没说你，可后来你又出现了几次这种情况。有一次还搞得满地废纸，试问，这样下去，就算你工作再努力，也会变得孤立无援，其实我们也想帮你，但同事之间有些事不能挑明，有时暗示你，但你只一心扑在工作上，根本就没在意。”

我恍然大悟，原来职场不倒翁绝不是只靠工作能力就能成功的，职场竞争激烈各种情况都会遇到，要想在职场中屹立不倒，需要的是一种张弛有度的智慧和敏而好学的态度。

有了职场不倒翁的成功秘诀，很快，我就成功进入了另一家广告公司，现在我已经是业务主管了。

第五章

为人处世，要圆融通达，
该坚持的坚持，该舍弃的舍弃

面对千变万化的人生，内心的坚持与外表的妥协能否和谐相处？

一个人成熟的过程其实就是不断寻找这个契合点的过程，

处世需圆，为人要方，圆包容万物，方棱角分明，

足以实现内心与外在的共通，理想与现实的双赢。

“最昂贵错误”的背后

2011 年 12 月 13 日，在美国纽约索斯比拍卖行的一场拍卖会上，有一件拍卖品引发了人们的广泛关注，那就是 1976 年苹果公司三位创始人韦恩和乔布斯、沃兹尼亚克签署的“苹果公司合伙合同修正协议”。这份“协议”是在韦恩以 800 美元卖掉苹果 10% 股份后签署的，协议确认了韦恩不再是苹果公司合伙人。

在全世界的各大媒体上，韦恩的这个决定一直被认为是世界上“最昂贵的错误”，因为当年他以 800 美元卖出的股权如今净值已高达 3500 亿美元，他放弃了天文数字般的财富一直被作为创业者的反面教材。但是，事实真的如此吗？

1976 年 4 月初，42 岁的韦恩和乔布斯以及沃兹尼亚克联合创办了苹果计算机公司，韦恩负责设计了第一个“苹果”公司徽标，并起草了最早的“合伙合同”以及“苹果一号”电脑的使用手册。韦恩当时拥有苹果公司 10% 的股份，但是仅仅十天之后，韦恩就以 800 美元的价格将自己的苹果公司股份全部卖给了另外两名创始人，接着他就彻底离开了苹果公司。苹果公司一直对韦恩的离开讳莫如深，仅以一句“韦恩经济上遇到困难”搪塞了之。

但事实情况是，当时的韦恩虽然收入不高，但绝非食不果腹。35 年来，无数媒体试图挖掘当时的真相，后来更是传出无数种说法，甚嚣尘上的便是乔布斯与韦恩的“不和论”。

事实上，乔布斯与韦恩的感情非常深厚，由于年龄关系，乔布斯一直将韦恩视为“父亲般的角色”，后来虽然韦恩离开了苹果公司，但乔布斯一直没有放弃过再次请他进入苹果公司。1978 年，苹果公司在竞争激烈的计算机市场站稳了脚跟，乔布斯再次隆重邀请韦恩加入苹果公司，但韦恩却毫不犹豫地拒绝了乔布斯的邀请。他继续在雅达利公司工作，后来又换了好几家电子公司上班直至退休，韦恩退休后靠卖珍稀邮票、罕见钱币和金币维持生计。

韦恩一生申请了 12 项专利，但他没有足够的资金对这些专利进行投资，没有靠这些专利赚过一分钱，这让韦恩的生活一直无法跨入真正的富豪行列。自从离开苹果公司后，韦恩没有拥有过一件苹果公司的产品，直到 2011 年 9 月 5 日，他在英国布莱顿市参加“现代化研讨会”时，才收到了一件 iPad2 做礼物，这是他生平拥有的第一件“苹果”公司产品。而这时，乔布斯已经病入膏肓。

2011 年 10 月 5 日，乔布斯因积劳成疾病逝，年仅 56 岁。77 岁的韦恩悲痛之余，也终于揭露了当年股份转卖事件的真相，他说:“毫无疑问，我坚信当年离开苹果公司是一个正确的决定。我知道，乔布斯和沃兹尼亚克是多么优秀的小伙子，他们拥有超凡的智慧，但是他们两人也是真正的工作狂，像旋风一样，你知道的，这样对事业很好，但对身体很不好。如果我当年留在苹果公司工作，巨大的工作强度可能会令我没命活到现在。”

一语道破天机。原来，韦恩并不想用透支生命来换取财富，当我们带着嘲讽的口吻谈论当初韦恩的决定时，56 岁的乔布斯已经英年早逝，而 77 岁的韦恩仍然平静从容地生活着。从人生的价值来看，或许乔布斯更为精彩辉煌，但他的人生并不是完美的，过大的压力让他透支了自己的生命，从某种意义上来说，犯下“最昂贵错误”的或许不是韦恩，而是乔布斯。

埃蒙斯的最后一枪

2012年8月6日，伦敦奥运会男子50米步枪三姿比赛赛场上，美国选手马修·埃蒙斯射出了最后一枪，7.6环，这一超低环数让他的银牌瞬间变成了铜牌。但是，埃蒙斯的脸上只是出现了一抹淡淡的失望，随即便微笑了起来。有了前两届奥运会最后一枪的痛失金牌经历，埃蒙斯对这一枪的态度已经变得十分淡然。

三届奥运会的最后一枪，埃蒙斯从脱靶、4.4环到7.6环，一次次陷入魔咒，但是，在人们为他扼腕叹息的时候，却并不了解在这三枪的背后，埃蒙斯虽然失去了金牌与名次，却赢得了更为宝贵的东西，那就是爱情、理想与全世界的尊重。

2004年雅典奥运会男子步枪三姿决赛，前九枪领先对手3环之多的埃蒙斯最后一枪鬼使神差地把子弹打到了别人的靶子上，把唾手可得的金牌拱手让给了贾占波。年轻气盛的埃蒙斯懊恼万分，但他却并不知道，在不远处的看台上，一双美丽的眼睛正在注视着他的一举一动，正在为一家电视台做现场解说的捷克射击美女卡特琳娜目睹了埃蒙斯的“悲惨”遭遇后充满同情，她来到这个当时对她来说高高在上的神枪手面前，安慰了他。

多年以后，埃蒙斯回忆起当时的一幕仍然满怀喜悦，他说："当时我坐在椅子上，突然感觉有人拍我肩膀，回头看到她的时候，我觉得自己的呼吸都要停止了，这太梦幻了。你知道吗？早知道卡特琳娜要来安慰我，我第一枪就脱靶！"有了这一次美丽邂逅，埃蒙斯失利的沮丧一扫而空，因为他找到了更为珍贵的——爱情。接下来，两人迅速确立了这段跨国的传奇恋情，三年后，在卡特琳娜的故乡，他们走进了婚姻殿堂。

2008 年北京奥运会，卡特琳娜和埃蒙斯携手来到了中国。但是，爱情并没带给埃蒙斯好运。在男子 50 米步枪 3×40 决赛中，埃蒙斯在倒数第二轮领先将近 4 环的情况下，最后一轮仅打出了 4.4 环，把金牌拱手让给了中国选手邱健。赛后，埃蒙斯在妻子怀中痛哭的场景感动了所有观众，人们也纷纷为他送上了祝福。

在妻子的鼓励下，埃蒙斯很快走出了阴影，他宣布将继续挚爱的射击事业，为 2012 年伦敦奥运会做准备。这时，埃蒙斯的孩子出世了，这也给了他更大的决心。他说："有了卡特琳娜和可爱的孩子，我感到我是如此幸运，这是生命中最重要的，我知道无论比赛的输赢，她们一直都会在我身边。"

但这时，更残酷的命运考验降临了。2010 年 9 月，正在加紧备战伦敦奥运选拔赛的埃蒙斯被诊断患上了甲状腺癌，这从天而降的消息却并没有打倒他，在经历过两次最后一枪发挥失常后，埃蒙斯已经变得坚强无比了。随后，他在妻子的陪伴下去纽约做了手术，切除了甲状腺，并进行了长达半年的休养、恢复，在完全恢复健康后，埃蒙斯果断地重新举起了步枪，他要向生命挑战。埃蒙斯说："我已获得了第二次生命，我已拥有了宝贵的爱情，下一步，我要继续我的理想，不论结果如何，我会继续奋斗下去。"在接下来的选拔赛中，埃蒙斯顺利获得了参加 2012 年奥运会的入场券。

伦敦奥运会上，虽然埃蒙斯再次倒在了最后一枪，但对于已经历过大风大浪的他来说，这反而成了一件小事情，他甚至可以谈笑着回顾自己的三次奥运之旅，而世人也给了他毫不吝啬的掌声。是的，在经历过失败与疾病之后，重新站在奥林匹克的赛场上，这本身就是一个了不起的创举，埃蒙斯已经证明了自己是一名当之无愧的强者。

世人只看到埃蒙斯的失败，却无人发现，正是因为他的坚强与执着，他才在失败中获得了更为宝贵的事物——爱情、理想与世人的尊重，毫无疑问，这三样东西的价值要远远超过那些枯燥的名次与短暂的荣光，有了这三样东西，埃蒙斯的最后一枪无论取得何种结果都已变得不再重要，因为他已获得了远远凌驾于冠军之上的奖赏。

郭台铭的多面人生

他是家中长子，1950 年出生于台北一个普通的公务员家庭。父亲是派出所的一名警察，对儿女从小就采取军事化教育，一个口令一个动作必须迅速准确，否则就要惩罚。童年的经历在他的脑海中根深蒂固，并在今后的人生中被反复提及，可以说，他的童年便被埋下了严谨守规的种子，一张稚嫩的面孔也被涂上了成人的色彩。

1966 年，他进入台湾"海事专科学校"学习。求学期间，为了减轻家里的负担，他在橡胶厂、砂轮厂和制药厂打工，靠半工半读完成了学业。服完兵役后，他在复兴航运公司当起了业务员，安稳平凡的生活似乎已在向他招手，但是，他心中一直有个放不下的梦——自己创业。他常常想起偶像王永庆卖米起家的传奇故事，并暗暗下了决心，不管成败一定要试一试。

24 岁时，一位朋友告诉他，有位外商有一批塑料零件的订单，想找公司承接生产。他意识到机会来了，于是出资 10 万元新台币与朋友成立了"鸿海塑料企业有限公司"，招聘了 15 名员工，在租来的 70 平方米的厂房里开了张。此时的他，信心满满，但很快，冷冰冰的现实便将他打入了人生的第一个谷底。

在创业的喜悦中兴奋了没几天，他就要面对一系列现实问题，塑料模具的生产是个难题，而客户的步步紧逼也让初涉商海的他手足无措。

1975 年，在台北三重河堤旁的一家五金模具店内，身材消瘦的他一面奉上已点燃的香烟，一面堆满笑意奉承着店内的诸位师傅：“拜托你们了，模具请一定要在今天赶出来，客户明天就要了。我这里有几张电影票，今天将模具完成，晚上请你们去看电影！”

从五金模具店出来，他顾不得喘口气，咬咬牙从一旁的百货店里买了昂贵的蜂蜜礼品，立即动身赶往一个客户家中。客户打开门收下礼品，却把他挡在了门外。

他在紧闭的大门前站了好久，终于还是转身离开了，他要赶回自己的塑料公司，他甚至都来不及擦去脸上流下的委屈泪水。

鸿海塑料公司自创立以来，一直入不敷出。创立之初，合伙的朋友们纷纷撤退，是他硬着头皮从岳父那儿借来钱苦苦支撑。在这段时间，他戴着坚强的面具，却遮掩不住内心的脆弱。

功夫不负有心人，两年之后，他的塑料公司开始扭亏为盈，公司有了一定的资金储备。这时，他面临着一个选择，他可以将公司出手，用手中的现金投入两个更大的赚钱机会——炒地皮和买原材料囤积等待升值。经过深思熟虑后，他还是放弃了这两个看似更容易赚钱的途径，而是买来先进的日本模具机器，发展技术实力，为长期发展奠定基础。

这一年，他 27 岁，青春的脸庞却已写满了阅尽世事的沧桑与洞明世情的了悟。

8 年之后，他决定将公司改名为“富士康”。

没错，他就是台湾首富郭台铭。创办富士康成功之后，他一度认为自己花费十年心血创建的事业会一路顺畅下去，他没有想到，生活仍然在给他难测的考验。

2010 年是他的本命年，花甲之年留给他的记忆却是刻骨铭心的疼痛。在历经了一系列“跳楼”事件，富士康成为关注度最高的新闻关键词之后，出现在公众面前的郭台铭没有了往常的强悍与傲慢，两鬓斑白的他表现更多的是憔悴和不安。他宣布了一系列整改措施，力图挽回公司的声誉，但那张憔悴的面孔还是留在了人们的记忆中。

也许有的人生来便是一场传奇，郭台铭便是如此。回顾他的经历，我们发现，他的人生可以用多面来形容，而从某种意义上来说，正是这许多个表情丰富迥异不同的面孔造就了他的成功。

郭台铭曾经说过：“阿里山的神木之所以大，4000 年前种子掉到土里时就已决定了，绝不是 4000 年后才知道的。”这句话揭示了他的经历，而其中的酸甜苦辣，个中滋味恐怕也只有郭台铭自己才能够体会吧。

默克尔的智慧

安格拉·默克尔，被称为“德国的撒切尔”，德国历史上第一位女总理。从踏上政治舞台的那一天起，她的一举一动就吸引着世人眼球，处处彰显出与众不同的智慧。

默克尔不能算是传统意义上的美女，但是，她获得连任时使出的招数可是典型的“美人计”！参选前的默克尔一改往日政坛强人的着装作风，身穿一袭黑色低胸晚礼服出席活动，当天她展现出的性感形象甚至引发了“国际争论”。对此，默克尔的回答让全世界哑口无言:“很简单，因为德国总理是女性。”

但这只是个开始，在连任竞选的海报上是默克尔身穿低胸晚装的大幅巨照，还打出“我们还可以有更多奉献”这样幽默富有调情意味的标语。此举一出，政客在德国公民心目中枯燥乏味、正襟危坐的印象顿时荡然无存，而默克尔除了更加引人注目，更多了一份前所未有的亲和力。特别是当铁娘子身着性感晚装弯下身子的时候，她给人们看到的，除了那深深的乳沟，还有一颗智慧的心。

其实，默克尔的智慧不仅展示在政治上，在婚姻家庭方面，她同样深谙经营之道。

默克尔的丈夫是化学教授约阿希姆·绍尔，当默克尔成为叱咤德国政坛的人物时，夫妻俩一年也见不上几面，尽管如此，夫妇两人却配合得非常默契。每到周末，夫妇俩喜欢去他们在滕普林的寓所度假。在那里，默克尔会一边做饭，一边安静地听着绍尔讲述他的科研。

日常生活中，默克尔每天早上要先为丈夫做早饭，然后到了七点半再准时动身赶往总理府。下班之后，默克尔会先到超市买菜再回家为丈夫做饭。尽管如此，她还是觉得丈夫要承担的家务比自己多得多，并为此更感谢自己的丈夫。

有记者问默克尔，担任总理后她的生活有什么改变？默克尔回答说，没什么改变，还像以前一样做土豆泥。她雷厉风行、果敢决断的工作作风颇有几分男性风度，但这并未让她忘记自己的妻子身份，只要有空闲，她就会到花园里侍弄花草，或是下厨房，做几个拿手菜。

默克尔更曾公开表态：如果她丈夫在南非得到一个教授职位或研究课题，她将义无反顾地跟着去，把政治撂在一边。

默克尔的言行让她的婚姻无比牢固，因为聪明的她非常明白，女人一定要有事业，这样才不必依附他人，才能浑身上下透着自信与从容；女人还要懂爱情，这样的女人才敢于真心付出，举手投足间会带着优雅与妩媚。试想一下，自信加优雅，从容又妩媚，如此之妻，夫复何求？

被女友穷养的格斗之王

康纳尔·麦格雷戈，一个在 UFC（世界终极格斗冠军赛）如雷贯耳的名字，2015 年 12 月，他仅用时 13 秒就击溃了已保持十年不败的前 UFC 羽量级冠军奥尔多，成为当之无愧的新一代格斗之王，并被粉丝称为“爱尔兰男神”。但是，鲜为人知的是，在成名之前的八年时间里，麦格雷戈竟然只是一个依靠女友打工“穷养”的无业游民。

出生于爱尔兰普通家庭的麦格雷戈从小就对综合格斗有着狂热的痴迷，但成为一名职业格斗选手却是一件很不容易的事情，不仅需要每天去健身房、训练室进行刻苦训练，还要补充大量营养，这让麦格雷戈经济拮据的家庭难以承受。成年之后，麦格雷戈一度曾经想过放弃梦想，但就在此时，他遇到了同样热爱格斗崇敬英雄的爱尔兰女孩迪·德夫琳。

在健身房里，德夫琳看到这个挥汗如雨的小伙子眼神中充满着忧郁与悲伤，当她了解到麦格雷戈准备放弃自己的梦想时，她坚定地告诉麦格雷戈：梦想有多大，现实就有多残酷。但对一个期待征服全世界的终极格斗选手来说，这也是一个必须接受的挑战。

麦格雷戈被眼前这个女孩的话语重新点燃了信心，他决定坚持自己的梦想。两个月之后，已经确定恋爱关系的麦格雷戈和德夫琳在距爱尔兰首都都柏林 30 公里的郊区租住了一处廉价公寓，在这里，他们一待就是八年。每天，麦格雷戈都为自己制订了近乎残酷的训练计划，他常常累得筋疲力尽，连说话的力气都没有，而德夫琳的付出并不比麦格雷戈少，她每天要辗转好几处地方打工，最多的时候同时做着七份零工，而这一切都是为了应付男友麦格雷戈训练和比赛的巨大开支。

看到女友为了自己不能像普通女孩儿一样打扮、放松、旅游，麦格雷戈心中充满了愧疚，而更令他感到无法接受的是，他四处参加比赛，却因为经验和实力不足频频败北，不仅没有挣到钱，反而多次把钱赔光。幸好，每次当失败的麦格雷戈筋疲力尽地回到家中时，德夫琳都会温柔地对他说："亲爱的，没关系，我相信，你一定可以做到的！"

德夫琳一次次点燃麦格雷戈心中即将熄灭的火焰，也激励着他一次次战胜自己。终于，在 2012 年，麦格雷戈的胜率开始直线提升，拿到了 CWFC（笼斗锦标赛）羽量级及轻量级双料冠军，随后签约 UFC 成为羽量级选手！正式踏入了终极格斗的舞台。

梦想，已经越来越近了。2012 年之后，麦格雷戈愈战愈勇，击败了一个又一个强大的对手。他作风勇猛，拳速快如闪电，比赛一开始就以狂风骤雨般的组合拳将对手击倒。曾经靠女友养活的日子一去不复返了，麦格雷戈成为综合格斗界光彩夺目的超级明星，拥有了千万粉丝，金钱财富滚滚而来。

2015 年 12 月，当麦格雷戈以压倒性优势成为新的 UFC 羽量级冠军时，他却没有疯狂庆祝，因为他远远看到台下的女友德夫琳已经泣不成声。

成名之后，麦格雷戈要求德夫琳辞去所有工作，他开始带着德夫琳去世界各地旅游购物，要把亏欠她的尽量弥补回来。他知道，虽然德夫琳认为这些并不重要，但自己却绝不容许自己深爱的女人再受一点的委屈。

2016 年 2 月的世界 MMA 综合格斗大奖颁奖典礼上，麦格雷戈成了世界 MMA 最佳男运动员。在接受媒体采访时，他又想起来了那段依靠女友“穷养”的岁月，他说:“我们在一起八年，过了很多困苦的日子。她却是如此的相信着我，鼓励着我，没有她，就不可能会有今天的我！如果有人问我获得胜利的秘诀是什么，我告诉大家，是爱！”

善待那些垃圾

1973 年的春天，美国缅因州一所破旧的房子里，女主人妲碧莎从家里的垃圾堆中捡到了担任中学教师的丈夫遗弃的一叠旧稿。她知道丈夫一直酷爱文学，每天的闲暇时间都要进行创作，但是，虽然创作很勤奋，作品却一直不被认同，家庭经济状况的窘迫让丈夫感到愧对家庭，他决定放弃写作，用节省出的时间再做几份兼职以补贴家用。作为妻子，妲碧莎深知丈夫极有文学天赋，她并不希望丈夫轻言放弃。

妲碧莎打开手稿，很快就被文章内容吸引住了。小说情节非常精彩，但结构上略显粗糙，显然在创作过程中作者有些操之过急。妲碧莎意识到，这个作品或许是个不错的机会，于是极力劝说丈夫润色一下，再拿到出版社试试，丈夫勉强同意了。他根据妻子的意见修改了手稿，并将它寄给了全美最权威的双日出版公司。

事实上，丈夫对这篇曾四处碰壁的作品并不抱什么希望，他写作的灵感与热情已在一次次退稿中消失殆尽了。把书稿寄出后，他立刻马不停蹄地开始四处打零工补贴家用，为了能提高家人的生活质量，他不得不接受那些自己并不喜欢的工作。

但现实总是非常残酷，由于妲碧莎要照顾年幼的孩子无法工作，这个四口之家巨大的花销很快便令家庭财政捉襟见肘，不得已，妲碧莎和丈夫采取了一系列措施，包括卖掉写作用的书桌，处理剩余的稿纸，取消电话的拨出功能只保留不收取费用的接听功能等。

生活在艰难中继续着。一个月后的一天，家中的电话突然响了起来，丈夫无奈地拿起话筒，心中思忖着该如何搪塞那个三番五次催讨水电费用的工作人员，出乎意料的是，一个低沉的男声响起了:“你好，我是双日出版公司，您的作品我们已经决定出版，我们的预付定金是2500美元，如果您同意，我想我们可以坐下来谈一谈。”

丈夫放下电话，仍然激动得无法相信这一切，在几乎山穷水尽之时，文学之门终于向他打开了，而2500美元的巨款也足以帮助家庭渡过难关。

这本书的名字叫作《魔女嘉莉》，作者就是鼎鼎大名的现代恐怖小说大师斯蒂芬·金，后来该书的平装书版权卖出了40万美元，斯蒂芬·金拿到了一半，这相当于他教书31年的收入。这份从垃圾堆中捡出的手稿让他一举成名，斯蒂芬·金从此辞掉中学教师的工作，成了职业作家。时至今日，他已成为世界上读者最多、声名最大的美国小说家之一。他的每一部作品，都成为好莱坞制片商的抢手货，他也成为全世界作家中首屈一指的亿万富翁。

试想一下，如果这份湮没在烟灰与纸屑中的书稿没有被坦碧莎拣出来，斯蒂芬·金或许早已放弃了写作，只能成为一名庸碌的小职员。

事实上，任何领域内的成功人士都曾遇到过类似的情形，大量的心血付出没有获得回报，努力的成果被扔进了垃圾堆，同时被扔掉的，还有一颗执着追求的上进之心。因此，如果你渴望成功，就请善待那些垃圾，并认清它真正的价值所在。

天使带我回人间

2004年，28岁的他走到了人生的十字路口，一方面，他的电影事业蒸蒸日上，在好莱坞，这位来自爱尔兰的英俊小伙被称为“布拉德皮特”接班人，片约不断，片酬一路飙涨；而在不为人知的另一面，他却在肆意放纵着自己的欲望，酗酒、吸毒，种种恶习侵袭着他的身体，让他处在了崩溃的边缘。

终于有一天，不堪重负的他住进了医院，紧接着，无处不在的狗仔队挖出了关于他的无数反面新闻。

面对公众，他沮丧地说：“我似乎得到了我想得到的成功，但说实话，正是它们让我变得不再努力，现在的我，面前只有一条路，就是堕落。”

好莱坞是个现实的地方，他的自甘堕落很快让制片方撤去了大量片约，他的影迷也在大量流失，所有人都认为他将很快滑入深不见底的地狱，用一种令人厌恶的方式离开公众的视线。

就在地狱向他展开怀抱的时候，2004年9月，他的儿子詹姆斯降生了。詹姆斯是他和模特女友金·波德纳芙的爱情结晶，但是，波德纳芙在将詹姆斯交给他之后，便毅然地选择了离开。

他看着襁褓中的詹姆斯，混浊的双眼第一次重现了光彩。小小的詹姆斯英俊可爱，脸上总是挂着微笑，这个可爱的小天使给他黑暗的人生重新带来了光明。出院后，为了履行剩余的片约，也为了让儿子过上更好的生活，他不得不将詹姆斯交给姐姐照料。在繁忙的工作间隙，他总要抽出时间去看看儿子，每一次，詹姆斯脸上都会洋溢着甜甜的微笑。

他的事业重现曙光，在 2006 年，他接拍了重磅大片《迈阿密风云》。为了演好这部经典电影，他夜以继日地工作，却总是达不到剧组的要求，他和导演及其他演员之间的矛盾不断激化，终于有一天，精神与体力的巨大压力让他再度触碰了酒精和毒品，《迈阿密风云》关机后，他也重新住进了医院。

这一次，他似乎对于自己的堕落已经无能为力，甚至有了自杀的念头，他准备打电话告诉姐姐，希望她能一直抚养詹姆斯。就在这时，一个晴天霹雳般的消息传来了，姐姐告诉他，詹姆斯被确诊患上了一种极其罕见的病——天使综合征。

他了解到，天使综合征是一种基因缺陷造成的疾病，因为患者脸上总是挂着笑容而得名，患者缺乏语言能力，行动能力差，智力低下，目前全球大约有患者 1.5 万人。刹那间，他明白了为什么詹姆斯的脸上总是挂着甜甜的笑容，为什么詹姆斯两岁了还不会走路，还不会说话，一种深深的自责与内疚感涌上了他的心头。

他开始积极配合医生进行治疗，并以极大的毅力成功戒掉了酒精和毒品。出院后，他立即把詹姆斯接到了自己身边，看到儿子脸上甜甜的笑容，这位银幕上的铮铮铁汉、生活中的放荡浪子终于禁不住掉下泪来。

他为詹姆斯联系了最好的医院，令他欣慰的是，詹姆斯非常积极地配合治疗，并在四岁时学会了行走。他眼含着热泪说："詹姆斯是个坚强的小伙子，他特别配合治疗。自从得知他的病情后，家人的眼泪就没有干过。我们都希望他能健康地回到家里，我相信他一定能够做到。"

为了照顾孩子，他放弃了很多要长时间远赴各地拍摄的电影角色，只为能多点时间陪伴儿子。同时，他坚定地认为詹姆斯不是残疾，只是有特别的需要。他公开儿子患病的事实，就是不希望其他人觉得他为儿子感到羞愧，恰恰相反，儿子是他的骄傲。

他就是好莱坞巨星科林·法瑞尔，曾经的好莱坞"坏小子"。在法瑞尔悉心的照顾下，如今，已经十岁的詹姆斯快乐地成长着，克服了种种困难，学会了走路和简单的语言。

面对媒体，科林·法瑞尔动情地说："说实话，当时，我已觉得了无生趣，是詹姆斯给了我生活的勇气，他就是我的天使，带我从地狱重返人间，让我找到了生活的动力。现在，我要好好地活下去，好好地工作，看着我的儿子长大成人，成为他的朋友，当好他的父亲，尽可能地多陪他玩耍。他就是我生命的重心，是我生命的全部！”

请你带孩子来上班

近日，有一项数据统计表明，造成上班族精神焦虑的十大原因中，未成年子女问题已经升至第二位，超过了日益增快的工作节奏带来的压力，仅次于失业带来的压力。

许多上班族由于工作忙无暇照顾孩子，导致与孩子沟通不畅，造成孩子与父母之间的对立和矛盾，从而影响家庭和谐。公司管理层也意识到了这个问题，但从公司利益出发，为了能更好开展工作，大多数公司最终还是硬下心肠要求员工自行解决这个问题。

但是有一家国际知名的大公司却做了一件史无前例的事，那就是——今天公司请你带孩子来上班。

2010 年 8 月 13 日，这家位于北京的分公司，办公室里热闹非凡，与平常繁忙压抑的气氛不同，今天办公室里充满了欢声笑语，因为公司迎来了一群特殊的访客，60 多个小朋友跟随自己的父母或亲人一起来到了公司办公室，体验了他们暑假里最难忘的一天。

在快乐的一天中，孩子们学习了解了简单易懂并且有趣的互联网产品，公司大厨更是给孩子们奉献了一堂精彩的“烹饪课”，孩子们亲自动手，兴致盎然地跟着大厨学习烹饪各种点心，并与亲人们一起分享了劳动成果。同时，极富童趣的“Doodle 绘画”也吸引了众多孩子的兴趣，孩子们争先恐后地学习涂鸦并向大家展示自己的作品。

而随后进行的“跟大人一起开会”“收集叔叔阿姨签名”等活动，更是锻炼了孩子们的沟通能力，让他们更加了解家长们的工作。下午，公司的全球副总裁刘允博士主持了一个特殊的工作会议，会议现场出现了三个小朋友的身影，他们正襟危坐担当了公司的特邀嘉宾，刘允博士结合会议主题和孩子们进行了亲切交谈，并耐心听取了小嘉宾们对于公司发展的意见，让小嘉宾们真正地做了一次“公司员工”。

临近下班的时候，几乎每个小朋友都是恋恋不舍地离开了公司，跟随父母工作的短短一天的经历，使他们对父母的工作有了具体的了解，同时也对父母忙于工作而缺少与自己交流表示了充分的理解。

而孩子们的欢声笑语落在了家长眼中，每一个家长在高兴之余，也充满了对公司的感激之情。在市场竞争异常激烈的现状下，公司能抽出宝贵的工作时间让员工与孩子们一同快乐度过，除了体现出公司对每一名员工的尊重之外，还体现出了公司一直倡导的企业文化，那就是“尊重员工，快乐工作”。中国人重情义，滴水之恩当涌泉相报，在这样有人情味的公司里工作，每一名员工都暗暗下了决心，一定要好好工作，为公司贡献出自己所有的力量。

这家公司就是世界著名的网络公司 Google（谷歌）。

这项源自 Google 全球的“带孩子上班日”是第一次在 Google 北京办公室举行，旨在为员工营造良好的工作环境，借助轻松的企业文化创造出绝妙而富有创意的产品。作为连续三届荣膺中国最佳雇主的公司，Google 一直相信员工是公司成功的重要因素，推崇愉悦的工作环境，让员工的灵感随时被激发，激励员工去创造出超越自己的辉煌。

每面墙上都有一扇窗

高中毕业后，我没有考上大学，家中也没有钱让我复读，所以我不得不外出打工。一个人来到一个陌生的城市，四处打短工，性格内向的我四处碰壁，经常一个人偷偷哭泣。

我最后一个打工的地方是一处建筑工地，身材瘦小的我只能帮忙做做饭，晚上就住在工地看管建筑材料。当时跟我一起看材料的是一个被称作老王的人，他四十多岁，离家在外打工已经快二十年了，仍然孤身一人，我从他身上仿佛看到了自己的未来。

让我奇怪的是，老王非常乐观，他总是咧着嘴不停地笑，有时候，工友们打趣叫他“老光棍”，他也不以为然。每天晚上，他都要拉上我一起喝点小酒，喝多了还喜欢唱两句。

看到我总是愁眉苦脸默不作声，老王总是想着法逗我笑，可我却始终不为所动。每天夜里，听着老王如雷的鼾声，透过那扇狭小的窗看着外面清冷的星空，我就会悲从中来，忍不住低声啜泣起来。

就这样，我在这个工地上干了一个月后，终于决定离开这儿，去找新的工地打工，我觉得自己始终适应不了这个地方。这天晚上，我把自己的决定告诉了老王，并且一股脑地把自己的苦恼告诉了他，我告诉他我喜欢读书，但是差几分没考上大学，家里穷没有钱让我复读，我才不得不出来打工，我心里不甘心，但是感觉自己被四面硬硬的墙堵住了，根本就无路可走，只能过一天是一天，我不知道未来会怎么样，也不知道自己该怎么办。

听了我的话，老王沉默了下来，过了很久，他才对我说了一个惊人的秘密，原来，他并不是农村人，而是在这个城市长大的城里人。他原来有一个美好的家，但因为自己沉迷赌博，丢掉了工作，妻子也离开了他，后来因犯罪入狱服了两年刑，出来后发现自己已经一无所有了。他也自暴自弃过，这时候是母亲接纳了他，当时他的父亲已经被他气得去世了，但母亲没有责怪他，母亲把他带回了家，什么也没和他说，只是每天给他做好饭默默地照顾他。过了一段时间，他勇敢地走出了家门，开始了打工生涯。最后，他告诉我，他的母亲已经去世五年了，但是，他会好好地活着，因为他知道，人生的挫折是无法避免的，但面对挫折的态度是可以改变的，生活是无罪的，当你意识到可以笑对挫折时，就会发现每面厚厚的墙上其实都有一扇窗。

他指着那扇小小的窗对我说：“你看咱们的墙时，只看到了它的坚硬，却没有注意到它还有一扇窗。清晨有阳光，午夜有月光，只要我们的心上有这样一扇窗，再多的墙也阻挡不了我们的希望。”

那一晚，我没有再喝酒，第二天我没有离开工地，而是一边打工一边学习，自学了大学课程。现在，我有了一份体面的工作，而且常常会去找老王一起喝酒。每一次，我看到那座简陋小屋中的小窗，心中都会生出一丝感动。

放下过多的远虑

妻子告诉我，儿子在幼儿园的表现不是很好，做游戏的时候不够专心，老师要提醒好几回，如果这样下去，上了小学以后可能就会注意力不集中，影响学习成绩，这样下去，可能以后会考不上好大学，会找不到好工作，会无法在社会立足……

听着妻子不停的唠叨，我赶紧打断了她，我告诉她，小孩子贪玩是天性，可能是儿子不喜欢幼儿园玩的游戏，一个简单的小游戏不会影响他以后学习的。

听了我的话，妻子仍然内心忐忑不安，过了一会儿，她又告诉我，她所在的公司可能因为业绩下滑要搞内部竞聘，有人会下岗的，虽然她是业务骨干，但也不排除有下岗的可能，如果她下了岗，家里只有我一人挣钱，房贷的压力会变大，两家老人的身体也不好，孩子马上要上学，需要钱的地方很多，未来可能会遇到很多困难……

妻子的话让我头大如斗，只是看着她无言以对。过了半天，妻子终于不再说话，但眼中的忧郁却更浓了。

我想了想，对她说，人无远虑，必有近忧。她的担忧有一定道理，但是，对于未来，我们要做的不是担忧焦躁，当然也不是盲目乐观，我们要做的，是保持一颗平常心。

著名作家史铁生身患多种疾病，但即便是面对已知的痛苦未来，他仍然乐观地面对，用手中的笔记录下痛苦，挖掘那些痛苦中隐藏的幸福；唐朝著名贤相娄世德，面对外族入侵，形势危急时不言败，形势大好时不冒进，始终对未来有着清醒的认识，战事结束后，娄世德入朝为相，因行事低调被同朝为相的狄仁杰轻视，但他深知据理力争也不能解决什么问题，便一味忍让，直至女皇武则天告知狄仁杰一直是娄世德在力荐他入朝为相，两位名相才真正齐心协力，共同营造了“贞观之治”；世界首富比尔·盖茨辍学创业时无人看好，但他并未沮丧茫然，而是一步一个脚印，按照计划实现了自己的梦想。

根据科学统计，人类所担忧的关于未来的不幸事件 95% 都不会变成现实，但由此产生的负面情绪却很大。由于对待未来的态度过于消极，生活的质量会不断降低，并产生恶性循环，同时，盲目的乐观同样也会让人生质量不断下降。那些获得成功与幸福的人告诉我们，其实对于未来，始终保持一颗平常心，按照自己的步调一路前行，自然就能一路平坦，采摘到饱满的人生果实。

追上那个走得慢的人

最近，股市火爆，身边很多人心急火燎地买股，每天盯着电脑，分析趋势，计算成本，追加投资，忙得不亦乐乎。可突然有一天，股市掉头而下，许多人看着自己从大赚到赔，再到巨亏，一腔豪情转瞬成空，不少人发誓再也不碰股票了。

这一天，大家聚集在交易大厅，唉声叹气，后悔没有在盈利的时候及时卖出股票。突然，有一个人说：“当时王老头让我见好就收，可惜我太贪心了，我听说，咱这个交易厅里，属王老头赚得最多了。”

王老头，大家都认识，干什么都比别人慢半拍，每天他只在股市开盘和收盘前十多分钟才走入交易大厅，先扫上几眼手中的几只股票，再挂个买单或是卖单，然后就背着手哼着小曲走了。

大家正议论着，王老头走进了交易大厅，他和大家打了个招呼后，竟然走入了大户室，看得大家目瞪口呆。

莫非王老头又投加了资金？还是他盈利巨大？竟然从散户大厅转入了大户室。

昔日人流汹涌的交易大厅如今早已人丁零落，对王老头的疑惑让大家变得鸦雀无声，大家都在想，王老头这个慢得有点木讷的人怎么就在讲究效率速度的股市里如鱼得水呢？

过了一会儿，王老头走出了大户室，大家呼啦一下围住了他，七嘴八舌地把心里的问题抛了出来。

“王老头，啊不，王大爷，您现在成了大户了，是在股市里赚钱了吗？还是又往股市投钱了？现在行情这么差，风险不大吗？”

王老头笑了笑，说：“我总共就投了五万元钱，不过我可是买股票买了十多年了，进大户室的钱都是在股市里赚的。”

王老头的话让大家心里的疑问更多了，大家纷纷询问他的炒股秘诀，态度都变得毕恭毕敬。

王老头没有回答大家的问题，而是问了大家一个问题：“大家觉得，操作股票的秘诀是什么？”

“当然是稳准狠了。”

王老头哈哈大笑，说：“说得没错，就是稳准狠，但我只看到各位‘狠’了，没有看到稳和准啊！”

听了王老头的话，大家静下心来，认真思考了一下，竟然觉得王老头说得很对，因为大家逐利的思想太重了，心态不稳，所谓的“准”其实更多的是一种盲从，而“狠”则更像是一个笑话。

王老头说：“操作股票和下棋一样，走得慢不一定会落后，走得快也许反而会掉进陷阱。我们的目的虽然是赚钱，但首先要做到不贪心，其次还要能坚持，最后就是要学会卖。大家聊天时都是说要买这买那，却没有几个说啥时要卖的，这要有计划才行，这可是我在无数失败中总结出的经验啊。”

说完这些话，趁大家还在回味的时候，王老头悄悄地走了，等大家察觉，却发现已经“追”不上这个走得很慢的老人了。

其实，追上那些跑得快的人并不难，难的是追上这些走得“慢”的人，因为，走得慢的人的思想已经跑在了最前面，我们只是关注前后左右，专注于简单的奔跑，却忘了那些占据思想高地的人才是我们一直仰望的存在。他们不需奔跑，因为他们站得高看得远。对于每个人来说，在勤于修身之余，必须要精于修心，只有这样才能让自己得到持续的提升，才能追上那些走得慢却站得高的人。

追逐白云的人

如果不是因为那一场雨，他不会成为一个追逐“白云”的人。

那场雨开始下的时候，他正在一个小山坡上发呆。就在不久前，心爱的女孩离开了他，他心情沮丧，便一个人来到冷清孤寂的后山，找到了这片绿草茵茵的小山坡。从午后到黄昏，一直到夜幕悄悄降临，他都孤独地坐在小山坡上，似乎是想让时光把自己凝固成一座石像。

因为久久没有抬头，他没有发现天空中墨黑的乌云正在驱赶纯洁的白云，直到一阵凉风骤然而至，将他单薄的身体吹得瑟瑟发抖，他才发现，原来，暮色笼罩不仅是因为黄昏已近，更是因为山雨欲来。

他没有带任何雨具，周围更是没有一个可供避雨的场所。他看了看远处有几棵枝繁叶茂的大树，又侧耳听到了天空中隐隐传来的沉闷雷声，终于还是打消了到树下避雨的危险念头。

此时，风势已经越来越大，因为山势的复杂多变，风向也变得摇摆不定，小山坡上的青草被吹得东倒西歪。他望着如墨汁般漆黑的天空，感到了一种深深的无助。他不知道该朝哪一个方向走，才能避开这场不期而至的风雨。

突然，他想起出门之前，母亲对他说的话。

当时还是晴朗的午后，母亲看着沮丧落寞的他，眼中掩不住沉重的忧虑，她轻声对他说：“如果要上山，记住带雨具，山上的雨说来就来，如果雨下大了，记着别往树下跑，打雷很危险的，如果认不出路，就记住要顶着风走，山上的雨就是一阵儿，风小了雨也就停了。”

想起母亲的话，他半信半疑，但还是迅速确定了风的走向，然后逆风而上。令他惊奇的是，伴随着他的奔跑，他分明听到了身后噼里啪啦的雨声，可落在他身上的雨滴却屈指可数，只是稍微打湿了外衣。又跑了一段时间，他甚至出了一身汗，这时，风势似乎小了许多，他抬头看天，竟然发现天空中飘荡着几朵静谧的白云，此时，夕阳仍未完全落下山头，浅淡的光映照在他的身上，让疲惫的他感到了一丝温暖。

他回头望去，发现天空中翻滚的乌云已变得越来越远了。他突然明白，原来狂风一直在裹挟着乌云前行，那些顺从风势而动的人，因为与风雨同向而行，便承受了更多的风雨，变得狼狈不堪。在那些人眼里，风雨变得十分漫长似乎永远不会停歇，只有那些逆风而行勇敢面对的人，才能迅速逃离风雨的侵袭，才能认清风雨的本质只是一阵突如其来的邂逅而已。

他又想起母亲曾说过的话，母亲说："风过了雨停了，你就会看到，天空中总会有一些美丽的白云，它们没有被风裹挟而去，是因为这些白云高高在上最接近天空，它们一动不动却又坚不可摧，它们比乌云更强大，风根本吹不到这么高的地方，只有那些低处的白云才会被风驱使碰撞变成墨黑的乌云。"

回味着母亲的话，他突然明白了，原来，要想避开风雨，除了选择逆风而行，还有更好的方法，那就是追逐那些更高的白云，并把自己化作一朵静谧的白云。某种意义上来说，那些狂风雷电与生活中的挫折并无二致，只有将心灵升华到白云的高度，那些所谓的情感挫折与事业逆境才会变得弱小，其实它们并非不可战胜，但前提是自己要足够强大。下山的时候，他的沮丧已经一扫而光，他告诉母亲，自己要做一个追逐白云的人，用一生去追逐那些在高处俯瞰众生自由飘移的白云。

在以后的日子中，每当他遇到艰难险阻时，他就会告诉自己，只要朝逆风的方向勇敢奔跑，就一定能追赶上那些高远处的洁白云朵，而那些挡路的风雨不过是这场美丽旅程中一些小小的考验而已。

“骗出来”的面包王子

1951 年，他出生于台湾眷村，家境贫寒食不果腹的日子让他无比向往能每天有面包吃的生活。13 岁那年，为了能吃到梦寐以求的面包，他开始在面包房当学徒，但是他很快发现，虽然每天要与无数面包与伍，他却仍然吃不到一块面包。每天起早贪黑只能挣到 50 元台币，除了留下 2 元用来剪发，其他要全部上缴给父亲，全家八口人的开销都要由他和父亲负担。

由于能吃苦又爱动脑，他的面包越做越好，渐渐在台北一带有了名气。16 岁那年，一个偶然的机会，他成为蒋经国府邸的糕点师傅。有了好的环境，他更加努力。在 17 岁那年，命运眷顾了这个比别人加倍勤奋的年轻人。

由于表现出色，他进入了美军顾问团工作，时任美国总统的尼克松在台湾，吃到他做的蛋糕后连声夸奖，他被连升两级，在行业内一举成名。两年后，台湾首家希尔顿饭店开业招聘，他借此迈进了五星级饭店的大门，也遇到了人生中最重要的两位恩师。其中一位是来自瑞士的西饼大师，曾为法国前总统戴高乐服务。他激动之余万分焦急，小学毕业的他连最简单的鸡蛋、糖等单词都听不懂，根本无法和大师交流，最后，他想到了一个窍门：把所有原材料的中文写下来，向酒店服务生逐一请教英文读音，并将每个单词的读音和单词开头的几个字母死记硬背下来。

过了语言关，他迅速成为意大利人和瑞士人的首席爱徒。两位嗜酒的大师都因为轻微的酒精中毒而导致双手发抖无法亲自操作，于是他成了他们的左右手，跟随两位大师在亚洲多个国家的希尔顿饭店“巡回演出”。这段宝贵的经历，不仅帮助他夺得“台湾金厨奖”点心组冠军，并让他有机会为撒切尔、萨马兰奇、克林顿等首脑及名人服务，从此他在烘焙界平步青云。

1997 年亚洲金融风暴后，他感到这是一次餐饮业的重新洗牌。不久，一家名为“新糖主义”的西点面包店出现在台湾街头，琳琅满目让人看花眼的蛋糕和面包吸引了络绎不绝的顾客。四五年后，“新糖主义”连锁店在台湾达到了几十家分店的规模，每月的营业额高达几百万人民币。

他就是姜台宾。

然而，一直厚待他的老天却在他最得意的时候狠狠地给了他一大巴掌。

因为心中的大陆情结，2000 年，49 岁的姜台宾第一次回到上海。经过考察，他决定投资开一家复合式餐厅。没想到在装修了 7 个月之后，他才突然发现餐厅的地点是个临时建筑，砸下去的 50

万人民币全部打了水漂。2003年，姜台宾受新加坡一家企业的邀请，前往北京帮其开连锁面包店。他将台湾所有店铺交给胞妹打理，只身前往北京工作。某日却突然接到银行电话，称其三位胞妹卷走了约1亿元新台币的资产并跑到了美国！这一消息瞬间被媒体传开，成为轰动海峡两岸的“家族政变”，结婚多年的妻子此时也提出要离婚。

“当时真的尝到了从人生最顶峰突然跌落到最低潮的滋味，尤其是心态上接受不了——从老板身份一夜间回到打工者的位置。”他想起从前的事情仍然耿耿于怀。

可是，他还是选择了原谅背叛自己的亲人，并且很快走出了阴影。“本来我就什么都没有，全靠白手起家，回到原来起点也不算很糟糕。何况我还有技术，重来好了。”

尽管他很快平复心情，从台湾到北京埋头工作，但命运却再次开了个玩笑。双方的合作由于新加坡方面未能履行合约义务而导致破裂。随后，姜台宾一直辗转在北京、上海两地，分别在多家企业就职，然而心中的创业热情却从未熄灭。

2010年7月，他终于遇上了他心目中的“梦幻组合”，并选择将广州作为在大陆的第三次创业的摇篮。

今天，他在天河北的面包屋开张了。姜台宾长长地吐了口气。“我最怕接受采访了，尤其电视台录像时亮堂堂的灯光。”眼前的

“面包王子”表现出与年过半百不符的孩童般的率真，兴奋起来手舞足蹈地说，“你可是第一个采访我的大陆记者哦！”

之前一直想不通，这位号称“开店从未失败过”的台湾商人必定精明，怎么会被骗了好几次？聊了才发现，他根本不像商人，或者说不是典型的台湾商人。难怪张学良老人晚年能与他结成忘年之交，并直呼他“小山东”。

私下聊天时偷偷问“面包王子”：您被骗了这么多次，有没有总结出什么看人的心得？他乐得嘴巴一咧：“没！其实人生里不管遇到多少坏人，只要能遇上一个好人，就算成功了！”

最囧的精明

同事老王在办公室待了十五年，是资格最老的职员，业务上轻车熟路，见谁都是一脸笑容，而且带出了三个主任、两个副主任。按说他这样老资格的职员也早该升职了，但事实却并非如此，老王十五年来一直在职员岗位上原地不动。其实老王人缘不错，业务纯熟，为什么历任领导都对他升职说不呢？

老王自己也是百思不得其解，但他是个心思缜密的人，担心这样的事直接找领导会造成负面影响，于是便采取了迂回战术，试图通过其他人了解领导的想法。有时候朋友聚会时，他就会装作漫不经心的打听一些关于领导的事，开领导会议时，他甚至去向端茶倒水的接待人员咨询，然后从得到的只言片语中分析原因，久而久之，他真的得到了一些消息，但这些信息却没什么用处，无一不是说他老王心思缜密精打细算、人缘好业务精之类的好话。

这一天，老王找到了我，我是公司里为数不多和他关系密切的人，因为我父亲和老王是老战友，两家关系一直很好。老王对我说出了心中的郁闷，看着他唉声叹气的样子，我略一思索，再结合有时和同事们聊天时对老王的评价，顿时明白了其中原因。

原来，老王错就错在过于精明了。职场不同于普通的关系网，谋划过多容易让人产生错觉，会让人觉得这人别有目的，如果过多牵扯上工作之外的事情，更会让人产生反感。像老王这样，话不说在明处，处处旁敲侧击，唯恐引人多想，一回两回还行，时间久了，就会起到相反的效果。

听了我的分析，老王半信半疑。我就给他举了个例子，比如他打听消息这事，试想，一些端茶倒水的接待人员会专门留意领导对某个职员的评价吗？偶尔听得一两句，也多半是模棱两可的话，但如果这事传到领导耳朵里，领导就会不可避免地多想了，为什么老王要打听这事呢？为什么一见面就又跟没事人一样呢？本来没啥事，结果就变成有事了。还有，老王平时在单位说一句话都要思考半天，做一件事就更别提多烦琐了，方方面面都要考虑，结果是让人不胜其烦，把一件简单的事搞得无比复杂，所以大家对他的评价就是：是个好人，但是想得太多了，让人捉摸不透；当职员行，当领导不行！

老王终于明白了其中原因，他讪讪地说："这不都是些小事吗？这么多年了，也没人因为这个怪过我。"我对他说，其实职场环境中有谋划并没有错，但如果谋划过细想得过多反而会成为升职路上的绊脚石。其实，这也是领导能力的一种体现。试想一个人总是精打细算事无巨细，会不会搞得本末倒置，不知工作重点在哪儿呢？每次提拔干部上级领导考察他时，自然就是这一条不合格了。

走不出阴影就看不到光

一位朋友常常感叹命运不公，为何别人的世界总是阳光灿烂，自己却总要承受那挥之不去的阴影？你看某某，每天衣着光鲜，笑容洒脱，家中妻贤子孝，公司里顺水顺风，没有一点愁事，可是我日日奔忙却总是不能舒心，回到家老婆抱怨，到公司上级不满，处处不顺却又无处藏身，总有那么一大块阴影罩在身上，苦不堪言。

听惯了他的抱怨，我渐渐产生了一个感觉，照他这么说，那个某某一定是个高富帅了？而他自己则毫无疑问是个矮丑穷。可我仔细打量这位朋友，却发现，他无论从哪个方面来看都绝对算不上矮丑穷。他毕业于重点大学，身高一米八，白白净净斯斯文文，事业单位科级干部，月薪不高不低且很稳定，老婆也是事业单位职员，有一个七岁的健康聪明的儿子。这应当是一个令人羡慕的生活状态，那么，他为什么一定要说自己头顶总有块阴影笼罩呢？难道是因为与那个某某总是较劲吗？

我决定去见见他嘴中说的那个某某。这一天，我和朋友一起到了那个“总在阳光下”的某某的公司里，令我惊讶的是，这位在朋友嘴中宛若上帝宠儿的人竟然只是一家快递公司的快递员。但是，这位快递员与朋友之间确实有着极大的不同。这位长相普通的中年人穿着笔挺的制服，脸上挂着灿烂的笑容，走起路来虎虎生风，见到任何人都高兴地打一个招呼，看到他，真的感觉好像有一抹阳光挂在他的身上。

我和这位快递员谈了几句，我告诉他，我的这位朋友非常嫉妒他，快递员惊讶地张大了嘴，听了我的解释后，他爽朗地大笑起来，告诉我，他每天要给许多客户送快递，发现了一个奇怪的现象，越是那些住高档小区或是在高档办公楼工作的客户越是愁眉苦脸，每次见到这样的人，他都感觉那些人像是躲在阴影里一样，所以，他总是努力把自己阳光的一面展示给他们，希望能让他们过得轻松一些。而我的朋友，就是其中的一个。

听了他的话，我身边的朋友红了脸。他握着快递员的手说要请他吃饭，可快递员却笑着回绝了他。他告诉我的朋友，他的妻子还等着他回家吃饭，他的儿子还等着他回家讲故事，他今天必须要送完这近百个快递，因为那笔昂贵的房租还要尽快归还，乡下生病的母亲还等着他寄去买药的钱。

说完之后，快递员骑上擦得锃亮的电瓶车绝尘而去。虽然看不到他的脸，但我想他一定是面带微笑信心满满，因为他心中有爱与牵挂。我转头看了看身边的朋友，发现他一直愁容不展的脸上竟然也透出了丝丝笑意，看来，他身上那团挥之不去的阴影正在被一股正能量驱赶走。

其实，每个人的人生际遇都各不相同，人的一生总有“光”与“阴影”，一个人走不出“阴影”就会看不到“光”。我们可以用心中滋生的一股力量来驱走阴影，那就是爱与责任的力量。

第六章

换种方式去坚持，
往往会事半功倍

换一种方式，也许会有新的发现，

横看成岭侧成峰，远近高低各不同。

不同角度去看问题，会给我们带来新的思考，

在坚持这件事上，换种方式去对待，往往会带来意想不到的收获。

把医院变成童话城堡

对于每个孩子来说，医院都是噩梦一般的存在。呆板冰冷的白色墙壁，刺鼻难闻的药水味道，表情严肃不苟言笑的医生护士，再加上那些味道怪怪的药片和疼痛难忍的针……一个个孩子往往还没到医院，就已经吓得大哭起来，这无疑很不利于治疗。而如何让生病的孩子顺利进入医院也是令每位父母最为头痛的事情。

但在法国巴黎的郊区，却有这样一家儿童医院，不但患病儿童从不抗拒入医，甚至一些健康儿童也喜欢到医院里去玩。医院的秘诀就是“卖萌”，这一点从它的名字就可以看得出来——长颈鹿儿童医院。

远远望去，你根本不会想到这居然是一家医院。白色波纹状的墙壁充满想象，一只悠闲的长颈鹿“破墙而出”，正伸长脖子试图从旁边的树上吃树叶，一头白色北极熊迈动笨重的双脚，正在试图攀上台阶，而一群笨拙的七星瓢虫正争先恐后地爬上外墙，企图翻进院子里……生机盎然的动物形象让整个建筑变得生机勃勃。这哪里还像一家医院，简直是一个童话城堡，吸引着所有孩子的目光。

在这家医院诞生之前，这里的父母们最头疼的就是带孩子去医院，正是因为发现这一点，市政府才请来了当地著名的建筑事务所设计了这所梦幻一般的儿童医院。负责此项目的事务所经理弗吉尼亚·达沃斯说，设计所里很多人都有至少一个孩子，深受子女就医之苦，所以建这样一家医院也是为了自己。

在设计之初，团队就明确了最重要的一点，那就是这所建筑要具有把孩子哄进来的能力，只要能让孩子们在不知不觉中度过治疗过程，设计就算是成功的。秉承着这一设计理念，第一个被确定下来的方案是一只高高的长颈鹿。从孩子的视角看来，它不但高大，而且温和，萌态十足，十分符合孩子的心理需要。这头仿佛卡在房子里的长颈鹿建造在医院门厅的位置，下面还有四条长长的鹿腿和一小块露出来的肚皮，孩子们每次前来，都会从四条鹿腿间经过，这也是他们和这个大个子“亲密接触”的好机会。

事实上，长颈鹿正是设计的精髓所在。它是周边建筑中第二高的事物，仅次于著名的“地平线”塔，当孩子们从远处看到长颈鹿时，他们会想：还好我只是感冒了，如果像长颈鹿先生一样卡在那里，哪儿都去不了，一定难受死了。

当然，在走近之后，会有更多的惊喜等着孩子们，其中包括一头北极熊和一群七星瓢虫。北极熊双脚直立，用双手扒着二楼的防护网，而瓢虫们正成群结队从外墙向里爬去。正是因为这些别致的设计，这家医院出现了传统医院中根本不会见到的景象，那些生病的孩子们欢呼雀跃着，睁着好奇的眼睛观察着周围的一切，仿佛不是来看病，而是来游玩的。

当然，设计师们不会只顾吸引孩子，更会顾及安全，同时还为童话留出了更多的想象空间。他们尽量避免孩子和动物塑像的零距离接触，以避免孩子受伤或动物塑像受损：长颈鹿的腿和背孩子们可以摸到，但脑袋却高耸入云，让孩子们只能仰望；北极熊周围用护栏围起，二楼也只扒到了护网，而不是护栏，避免了孩子的不良模仿；小瓢虫们则离得远远的，仿佛随时要爬过墙头消失在另一边，让孩子们只能远远观望。

在这样一个奇妙的世界里，纵然一墙之隔就是人声鼎沸的繁华街道，孩子们一样会玩得乐不思蜀，而在这个充满故事的空间里，孩子们也可以坚强地面对治疗了，因为他们从那个被卡在墙中间仍然去啃食树叶的长颈鹿那儿得到了鼓励，从那个笨拙却仍然奋力爬上二楼的北极熊那儿学会了坚持，从那些弱小却锲而不舍前进的瓢虫那儿获取了勇气。

有这样一群动物和孩子们“互动”，整个医院焕发出了一种蓬勃的生命力，这也让身为成年人的医生、护士们可以更自然地开展工作，而整个治疗过程就在这种轻松愉悦的氛围中完成了。

一家喜欢“卖萌”的儿童医院，一座喜欢讲故事的“童话城堡”，我想，这里医治的不仅是孩子们身体上的疾病，更为他们的心灵传递了正能量，而这体现出的，其实是整个社会的人文关怀，以及这种关怀的科学合理和细致入微。

鲨鱼苗吃掉大鲨鱼

1993 年，河南一家小型国有食品公司在惨淡经营数年之后终于开始了艰难的体制改革，但是，行业内部激烈的竞争形势却不容乐观，面对当时在国内食品加工如日中天的双汇、雨润，这家小公司显得弱不禁风。

面对国内食品市场形势，当家人朱献福最担心的不是商品经营问题，而是同行业之间的竞争与打压，特别是同在河南的漯河双汇集团。MBA 教科书里有一句名言：大树底下不长草，如何在强者的环伺下生长，是公司绕不开的难题。

但事实证明，朱献福的担心其实并不存在，因为他遇到了一个虽然强大但并不蚕食同类的对手：双汇的当家人万隆。当时有人建议万隆“灭掉”在双汇身边崛起的食品公司，但万隆说，这个行业太大了，双汇一家是做不完的，有精力去打压对手不如花时间去做市场。

每当忆及此事，朱献福总是充满着感激之情，他由衷地赞叹说：“这才是行业领袖的风范。”因此，朱献福一直尊称万隆为“老大哥”，还和万隆成了忘年之交。

但是，大鲨鱼毕竟还是大鲨鱼，它的容忍度是有限的，当统治空间被挤压，感受到了鲨鱼苗的威胁之后，大鲨鱼还是毫不犹豫地开始了领土争夺战。1996 年初，面对被挤压的市场份额，大鲨鱼和鲨鱼苗打起了激烈的市场争夺战，那场战斗是从许昌打响的。

众所周知，营销网络是现代企业的生命线。肉制品加工企业生产的是普通消费者一日三餐离不了的生活必需品，谁控制了销售终端，就能使自己的产品和更多的消费者直接见面，其重要性不言而喻。当时朱献福的公司在业内率先开起自己的专卖店，尝试把生产和销售连接起来。第一批专卖店在许昌开业后很自然地引起了业界的注意，一城之隔的“双汇”闻讯后立即行动起来，据说，当时“双汇”内部提出了这样的要求：竞争对手的店开到哪里，双汇专卖店也要开到哪里，两店距离最远不能超过 50 米！

虽然已是往事，8 年之后朱献福回忆起这件事，感受仍然只有两个字：惨烈。当时“双汇”已经全国闻名，并天天在中央电视台新闻联播后的黄金时段做广告，而自己的公司改制不过两三年。既然两家的专卖店开在一起，普通消费者自然要选择名气大的那一家。面对实力 10 倍于己的竞争对手志在必得的态势，朱献福铩羽而归。

兵法上说：三十六计，走为上策。但是这次朱献福的“走”不是败走，而是转移。在“双汇”全面撒网、逐步推进的时候，他开始另辟蹊径。

朱献福的蹊径来自副总本连科从营销专家那里学到一的个“杯子和盘子”理论：盘子的直径很大，但它的底很浅，盛不了多少水；而杯子虽然看起来不大，可它的容积要比盘子大多了。因此可以把中国市场比成一个盘子，虽然中国人口很多，但是真正具有购买能力的人相对来说并不多，而大城市和发达地区市场就是杯子，企业要想“喝到水”，用“盘子”不如用“杯子”。

受此启发，朱献福把企业的营销终端定义在看似口很小的“杯子”上，一方面，他坚持不断提高产品质量，另一方面，他开始派出专业人员，占领“杯子”里的剩余空间。这个办法果然很快就见到了效果。通过产业化经营、区域化布局、专业化发展、标准化管理、国际化运作等一系列措施，提升了区域农产品综合竞争力，他的公司迅速在全国主要农区布局农产品加工基地和低温物流基地，其中河南布局5个基地，全部建成投产后生猪加工能力占河南省年生猪出栏总量的1/10，成为河南省最大的速冻蔬菜加工出口基地。

2006年2月，这家一度步履维艰的小公司在美国成功上市；2007年12月，公司转升纳斯达克全球精选板，成为中国食品行业首家纳斯达克主板上市公司，公司的经营业绩得到了海内外投资人士的广泛认同。

这家公司就是众品食业。目前，众品通过实施“万村千乡”市场工程，已经形成了覆盖城乡的市场网络和低温物流供应链，品牌影响力不断提升，众品商标荣获中国驰名商标，众品牌冷鲜肉和众品牌低温肉制品荣获“中国名牌产品”称号。

可以说，现在的众口食业已经完全成长为一条同行业内举足轻重的大鲨鱼。面对辉煌，众品当家人朱献福坦言，如果当年不是和双汇公司在资本市场的互动，众品在纳斯达克不会如此成功。因为，大家从大鲨鱼身上看到了鲨鱼苗的愿景和发展空间，所以，每一条初涉大海的鲨鱼苗都应当感激那些大鲨鱼，因为它们在追杀你的同时，也教会了你如何生存。

开拖拉机的总统

2012 年 6 月的一天，乌拉圭首都蒙得维的亚郊外的一处农场里，一位精神矍铄的老人正驾驶着一台大拖拉机，在一片田地里忙碌不停，他不时拿起肩头的毛巾擦去额头的汗水。在田地的外面，一群身着黑色西装的人正严阵以待。

两小时过后，一身汗水的老人停下拖拉机，走下驾驶室，来到田地边上，一个身穿黑色西装的人迅速上前，为他递来了一杯热水，随后，另一个人打开公文包，取出一叠文件，老人取过文件，皱起眉头看了起来，过了半晌，他示意一个穿黑西装的人拿过笔来，在文件上签下了自己的名字——何塞·穆希卡。

如果你了解乌拉圭这个国家，看到他的名字一定会大吃一惊，因为，何塞·穆希卡正是乌拉圭时任总统。

一个总统竟然还要自己干农活，所有人的第一反应都是作秀，但其实并非如此。事实上，这是穆希卡任职总统外的第二职业，而且是非常重要的职业，因为他要靠干农活来养活全家老小。

乌拉圭仅有 17.6 万平方公里国土，350 万人口，经历过长期战乱的乌拉圭如今贫穷落后，社会问题层出不穷。身为这样一个国家的总统，穆希卡身上的压力可想而知。自从 2010 年 3 月高票当选总统后，穆希卡几乎没有一个休息日，他夜以继日地为国家的发展与稳定而忙碌着。上任后，他还立下了一个奇怪的规定：自己身为国家元首，是全国人民的公仆，生活水平一定要低于每一位国民。

穆希卡绝非说说而已，两年来，他一直恪守着自己的诺言，上任后，他把月薪的九成捐给了游民救助基金。他说："剩下的够我用了，如果有这么多同胞连这数目都赚不到，我怎能说不够呢？"

为了节省资金，穆希卡拒绝迁入总统官邸，他更拒绝了随行和防弹轿车接送，而是自己每天开着车龄 25 年的"金龟车"上下班。

事实上，拉丁美洲的总统们对穆希卡的"贫穷"早已司空见惯，对他们来说，和穆希卡一同出现在国际会议上简直令人坐立难安。他不带保安不打领带，身上找不出一件名牌精品，他甚至从来不饮用品牌瓶装水，只是用自己随身带的口杯喝白开水。

2012 年，这位老兵出身的总统公布了自己的家产：1987 年的大众甲壳虫汽车一辆，拖拉机一台，花园一座，月薪 11000 美金，他只留 1500 美金，其余的全部捐献。

穆希卡的家产一经公布，立刻当之无愧地成了世界最穷国家元首。对于这个称号，穆希亚非常坦然地回应说："我不穷，说我穷的人才是真穷。说我只有几样东西也没错，但俭朴却使我觉得非常富足。"

穆希卡的话语朴实而真诚，就像他的为人一样。这个贫穷的老人被乌拉圭国民称为国家最宝贵的财富，因为有了他，乌拉圭人民才终于找到了主心骨，在他的带领下，国家经济情况正在一步步向好，人民生活水平也在逐步提高。与此同时，穆希卡也打动了全世界，在一份全球民意调查中，善良而贫穷的穆希卡当之无愧地成了世界上最受欢迎的总统之一。

“抱怨”的妙用

我有一个同事，每天无论上班还是下班，只要一打开话匣子，总是有无穷无尽的抱怨，大到单位分房子，小到单位分橘子，也不管自己是占了便宜还是吃了亏，他总能找出一大堆不满的理由。他旁征博引口若悬河，不把你说到附和他的观点绝不罢休。

其实这个同事本质并不坏，工作能力也不错，头脑挺聪明的，但因为这个抱怨的毛病，工作十多年了一直不受重用，至今也只是一个小小的科员。有时候同事们说起来都觉得挺惋惜的，领导说起他来，也是不断地摇头，说他这辈子就栽在“抱怨”二字上了。

可是没想到，有一天，他不仅没栽在“抱怨”二字上，反而成在爱抱怨这毛病上了，说起来，这事还多亏了我。那一天，我因为家里的琐事心情不太好，刚到单位，这位同事又一把拉住我开始抱怨，我实在不耐烦了，忍不住大吼了一声：“老是抱怨这抱怨那，没头没尾的，你烦不烦啊？有这精神头，你怎么不想想怎么让这些事不让你抱怨啊！这抱怨也要抱怨得有点水平嘛！”

话一说出口我就有点后悔了，想说两句话缓和一下气氛，一时也不知该说什么。可没想到说者无心，听者却留了意。同事闭上嘴若有所思，过了一会儿，他很坚定地对我说："谢谢你了，你说的很对，我是得学学怎么抱怨得有水平了。"

他竟然真的下了功夫，把自己的一些抱怨整理成册，精心分析，细细梳理，针对其中引起抱怨的部分提出了很多切实可行的方案，他把这些方案拿给领导和相关部门看，竟然有不少被采纳了。渐渐地，领导对他的印象改观了，同事们看他的眼神也不一样了。

不久，他被上级委以重任，担任我们厂里的质检组长。在试用期，他凭着一股子不服输的劲，硬是解决了厂里几个多年没法解决的难题。但他抱怨的毛病是一点没改，只是抱怨得更有水平了，不只是学会发现问题，更是学会下功夫去解决问题了。

前几天，我又遇到了他，说起他的抱怨，他不好意思地笑了，他说："我现在一天到晚忙个不停，不过啊，我这抱怨还真是越来越少了，一个原因是过去很多反复抱怨的问题现在都不存在了，都被我解决了；还有一个原因嘛，是咱抱怨的水平提高了，一般的小问题咱一发现就解决了，根本就抱怨不起来。现在啊，如果厂里职工不超过十人以上抱怨的事，我还真懒得管呢！"

最好的猎手

山脚下的村子里有一位老猎手，是方圆百里公认的最好的猎手。他若到荒山或野外转上一圈，一定能满载而归，而其他的猎手虽然苦练枪法、刀法，苦思猎物的行动规律，甚至成群结伙共同围猎，可捕到的猎物还是远远比不上这位老猎手。

有人问过老猎手，可老人却一言不发，有人想跟老猎手一起捕猎，老猎手却一看有人同去，立刻回家不出门了。时间久了，各种流言四起，有人说这位老猎手会法术，有人说老猎手懂得禽言兽语，有人干脆就说这老猎手就是一只成精的野兽。

关于老猎手的传说越传越邪乎。县城里有个小伙子却不信这些，他来到村子，决心要找出真相。他选择了另一种方法——跟踪老猎人。只不过，想跟踪这位有着丰富经验的猎手绝非易事，以前就有很多人因为跟踪被老人发现而被痛骂训斥过，小伙子为了跟踪成功，拿出了他的看家本领——蹲守。

老人每年只出猎十二次，一个月出猎一次，每次只捕能维持一个月生活的猎物，小伙子没有等老人出猎时才开始跟踪蹲守，而是从老人的日常起居便开始跟踪，只要老人经常去的地方，小伙子就提前蹲守，一动不动，老人不走远绝不现身。就这样，每一处老人去过的地方小伙子都蹲守过十来次，终于发现了老人的与众不同之处。

原来，老人每天都会去山上或是野外闲逛，在确认四周无人尾随之后，老人便会假装成各种各样的动物，有大山羊，小水牛，也有野驴野马。更令人瞠目结舌的是，有一次，老人居然伪装成了一只山鸡，他将一簇鲜艳的羽毛放在头顶，藏在一丛高高的野草后面，远远看去，还真的像是一只山鸡。

小伙子恍然大悟，也终于明白了老猎手捕猎的秘密，明白了老猎手为什么从不与他人一起去捕猎，甚至在打听到有其他猎手在这片猎区活动便立刻离开了。原来，老猎手是伪装成了那些人畜无害的猎物，以此吸引猎物的出现，然后一击必杀，而他之所以要事先打听有人没人在这个地方打猎，是怕被别的猎人误伤。

小伙子得知了老猎手的秘密，没有点破，他似有所悟之后便回到了县城，开始了他的创业之旅。十年之后，小伙子成了县城首富，并把生意做到了省城里。

其实，小伙子成功的秘诀和老猎手一样，商场如战场，也是一种猎手与猎物之间的斗智斗勇。

最好的猎手，永远都是以猎物的姿态出现，唯有如此，真正的猎物才会被利益所迷，才会只想着怎么捕捉猎物，从而会忽略了自身所处的险境，在一心求利之时反而被对方秒杀，让对方成了最厉害的猎手。

捕猎者如此，生意场如此，人生也是如此。

推销生命的天使

澳大利亚悉尼有一处叫作“The Gap”（距离）的悬崖，之所以给它起这样一个名字，除了其高达近三百米的落差，更有一种引申意义，即跳下悬崖，必将有死无生，生死的距离就在崖顶的纵身一跃。事实上，这处陡峭的悬崖一直以来就像磁铁般吸引着对生活绝望的人们，很多人选择到此处轻生，它被誉为自杀“圣地”。

1964 年，38 岁的唐·里奇来到悬崖附近的小镇定居。在第二次世界大战期间，里奇曾是澳大利亚皇家海军的一名海员，大战结束后，里奇回到悉尼进入了一家人寿保险公司，以推销保险为生。

里奇的家距离悬崖很近，每天，透过窗口，他能清晰地看到悬崖顶的事物。1966 年 3 月的一天清晨，里奇刚刚打开窗子，就看到了令他终生难忘的一幕，一个年轻男人在悬崖边张开双手纵身一跃，大叫着落下了悬崖，一条鲜活的生命消失了。目睹这一切的里奇震惊不已。经历过战争的残酷，里奇格外珍视生命，正因如此，他才选择了一份推销保险的工作，借以劝解他人要珍爱生命，可是，亲眼看见的自杀一幕却让他难以释怀。经过两天的考虑，他决定，开展一项没有任何薪水却能获得“高额”的心灵回报的业务——推销生命。

从那以后，里奇注意观察悬崖，每当发现有人想自杀，他就会走到他们身边，平静地跟他们谈话。在悬崖边，他会微笑着问他们:“我能帮到你吗？”大部分情况下，他平静的语气是能起到作用的，但有时候也会遇到难以想象的危险。

1983 年 11 月的一天深夜，里奇发现一位身材高大的年轻人正站在悬崖边上，他立刻打着手电筒走上悬崖，没想到，见到有人上崖，年轻人突然纵身一跃跳了下去，千钧一发之际，里奇快步上前一把抓住了那人的右脚，一瞬间，巨大的重量几乎将里奇带着一起坠下悬崖，幸好他随身带着绳索，危急时刻扔出绳索套住了悬崖顶的一棵树，两人才没掉落。

令里奇始料未及的是，获救后年轻人仍然坚持寻死，里奇对他说:“请再等一个星期，一个星期后，一切都会改变的。”最终，年轻人同意了里奇的建议，随后，里奇邀请他去家中做客，两人一起喝茶、聊天。里奇对他讲了很多战争中自己的生死经历，还讲述了自己在悬崖顶推销生命的理想。一个星期后，年轻人打消了自杀的念头，并向里奇坦白了自己的身份。原来，这个年轻人竟然是一名逃犯，因为无路可逃才选择了自杀，随后，里奇陪他去警察局自首。

从 1966 年到 2012 年，46 年来，里奇已经成功劝下 160 名试图自杀的人，这些人都成了他的朋友，里奇也因为自己的善举而赢得了“自杀崖天使”的称号。

里奇说：“我的目的一直都很简单，我只想把这些人从悬崖边带回来，给他们更多的时间，给他们反思的机会，让他们能够领悟原来事情并没有那么糟糕。我想，只需伸出援助之手，就能令轻生者改变主意，他们不会拒绝善意的言辞和微笑。要知道，我大半生都是一个保险推销员，现在，我要做的就是向试图轻生者推销生命。”

2012 年 5 月，86 岁的里奇去世了，整个澳大利亚对他进行了哀悼，在他挽救了 160 条生命的悬崖上，立起了他的雕像，雕像前的石碑上刻着“唐·里奇——推销生命的天使”。

宽广的胸怀最细致

近年来，中国文学界最大的事件无疑就是作家莫言获得了2012年度诺贝尔文学奖，一时间，各种言论也甚嚣尘上，莫言被推上风口浪尖。面对无数的关注，莫言却在记者发布会上表示，希望这股热潮尽快过去，因为如果不是获奖，也许这个时候他正在伏案读书。

一句话道出了作家真实的内心，原来，在他心里，获奖并非人们想象中那么重要，开发布会是因为“不堪其扰”，一并回答了所有关注者的问题，这样才能回归理想的生活，用读书的时间来开发布会显然是不得已而为之。整个发布会上，莫言始终语速缓慢，态度谦虚客气，没有一点大师的架子。

要淡然消化世人追求的荣光与成就，这显然需要宽广的胸怀，而选择一种合适的方式做好这一切，则需要一颗细致的心灵。毫无疑问，莫言选择了一种既照顾外界关注，又保护内心需求的方式，抛开他在文学上的修养与成就，这份为人处世的原则才是值得我们尊重与学习的地方。

我有一位老师，数十年来桃李遍天下，取得过数十项教研成果，但是，他最为人称道的却不是这些成绩，而是学校曾多次要将他提拔到领导岗位，都被他婉言拒绝了。

他的这一举动曾经在学校里引发了许多争议，有人说他高风亮节不求名利，有人说他故作姿态装模作样，有人说他脚踏实地一步一个脚印，有人则说他这样做是引导学生不求上进误人子弟……一时间，他在众人口中变得褒贬不一。

令人惊奇的是，所有的言论无论好坏，这位老师一直没有开口回应，有人当面问起，他也只是微微一笑不置可否。后来，关于他的争议渐渐平息了下来，他依然安静地教学，研究课题，又获得了许多成绩和荣誉，当然，也又多次拒绝了学校里的提拔。

前不久，他从教师的岗位上退休了，在一次聚会上，白发苍苍却精神矍铄的他终于开口谈了这个问题，他说："其实，所有人关于我的议论我都听到了，但是我实在是不愿回应，我知道，不论我说什么，立刻就会引起更大的争议，这件事会变得无休无止，我还怎么教学生？怎么做学问？所以我就闭了嘴。大家说我愚钝也好，说我胆怯也罢，至少会认为我不是个让人恼火的人。其实，我不愿当官的原因很简单，因为我觉得教学生很快乐，做研究很充实，这才是我的价值所在。"他的一席话立刻引起了一片掌声。

事实上，这番话背后，体现的正是他宽广的胸怀，同时，这份胸怀又非常细致，触觉敏锐，却又洞悉是非，只有这样，才能作出最正确的判断，选择最正确的方式来面对。在这一点上，这位老师与莫言先生其实并无二致。

我想，正是这份宽广且细致的胸怀才成就了莫言，也成就了千千万万努力耕耘在理想道路上的人们，而这，正是我们每个人应当学习的地方。

杨绛的至简人生

2016 年 5 月 25 日，105 岁的杨绛先生离开了人世，令人无限伤感。但回首先生一生，却发现，她的 105 载岁月几乎是极致的简单与从容，像一条笔直的线，没有浓墨重彩，没有曲折离奇，却是那样的鲜明与深刻，令人肃然起敬。

少年时受过良好的教育，品德与才情均是上上之选，后嫁钱钟书为妻，甘心为这“文学的王者，生活的孩子”打点柴米油盐，照顾老人幼女，甘心将满满的才情放置角落，做他口中“最贤的妻最才的女”，直至先生与女儿都离开人世，“我们仨”变成了孤身一人，杨绛先生才重拾起那凝重的笔，将一生的才情诉诸笔端，完成了一部又一部令人百读不厌的著作。

百年人生，杨绛平静地度过每一天，无论对任何人都谦逊有礼，做每一件事都认真而从容，因此，她才能在亲人逝去孤身一人时，把日子仍然过得丰盈而洒脱，即便离开人世的那刻，也是如此平静而简单，不显一丝突兀与匆促。

百年感悟，杨绛悟得了许多朴素之极的道理，却从未故作高深，只是淡淡地把它们说了出来，让所有人都能听懂悟透，让每个人都能感受到一点小小的顿悟，无论是情感至深却无痕，还是人生至简则无敌，都让这位百岁老人描述得心平气和波澜不惊，却让每个听到的读到的人都顿感醍醐灌顶。

杨绛先生很少在大众面前侃侃而谈，即便偶尔在媒体中露面，谈论的也多是些家长里短，每句话每个字都似乎斟酌良久，但是，正是这溪水般清澈的话语，却在不经意间洗涤了众多浮躁的心灵。杨绛的著作不多，却能激起所有人的共鸣，即便只是日记般的寥寥数语，也总是透着一股子甘甜清冽，令人神清气爽回味良久。

或许，这便是杨绛先生告诉世人的大道至简的道理吧。高贵的生命从来不是高高在上的俯瞰众生，而是陋室素衣简朴从容，抛开了名利的纷扰，找到了情感的寄托，心灵自然也会变得丰盈起来，而人生，也会因为简单而从容，因为平凡而隽永。

吴佩孚的才情与个性

作为首个荣登美国《时代》周刊的中国人，吴佩孚的历史地位举足轻重，这位闻名遐迩的武将，不仅具有挥斥方遒的豪迈，更有一身笑看风流的才情。

他被称为“三不”大将：其一，不借外债。吴佩孚一生都没有向外国人借过一分钱。其二，不入租界。1924 年，吴佩孚败给了张作霖和冯玉祥，部下劝他到租界里躲躲，他不听；1937 年，日本占领北京，有人劝他搬进天津租界，他依然不去。其三，不纳小妾。吴佩孚的发妻张佩兰是一个店铺老板的女儿，两人结婚时吴佩孚还是一个破落的穷秀才，后来吴佩孚辉煌后，始终不肯抛弃糟糠之妻，更难能可贵的是，两人无子女，其妻劝他纳一小妾，不要断了吴家香火，但他却始终不从。

“三不”展示了吴佩孚的个性，但他绝不是简单的一介武夫，恰恰相反，他是北洋军阀中少有的秀才，他留下的四字批文言简意赅独树一帜，从中可以看出他的不凡才情。

吴佩孚的同学王兆中前来依附，吴佩孚给了个上校副官，但王兆中不满足，要求到河南当县长。吴批了个“豫民何辜？”意思是河南老百姓有什么过错，竟要这样的人来当官？摆明因他当官而带来的祸害，因为为官一任，可造福一方，也可祸害一方，吴佩孚不买同学的账，也不用官话套话挡驾，以老百姓的利益为由凛然拒绝，义正词严。不料原件发还后，王兆中居然不识时务，又梦想当旅长:“愿提一旅之师讨平两广，将来报捷洛阳，释甲归田，以种树自娱。”吴大帅直接批复:“且去种树。”

1921 年 4 月 21 日，来自德国的露娜小姐在洛阳见到了吴佩孚，一见倾情，回去之后，露娜小姐对吴大帅下了“最后通牒”:“吴大帅，我爱你，你爱我吗？”吴佩孚看后大笑不止，提笔在原信上批了四个大字“老妻尚在”，然后命人送还给了露娜小姐。

吴佩孚的这三个批示言简意赅，十分幽默，也颇有文采，那秀才功名看来是货真价实的。

其实，他最令后人称道的不是这四字批文，也不是那三“不”，而是另一“不”——不当汉奸。

吴佩孚一直是日本人拉拢的重点。早在他 1924 战败时，日本人就表示要出钱帮他东山再起，吴佩孚当时就拒绝了:“这是中国人自己的事，不用外人插手。”1937 北京被占领了，日本人要其出山，但吴佩孚表示，日本人不撤兵就不从政，并说:“我文天祥还是做得了的。”1938 年，汪精卫投敌后，日本人又指定了“汪吴计划”，并派汪大汉奸找他协商事宜，吴佩孚找了各种借口，就是不和汪精卫见面，并捎信对汪精卫说："公果能再回重庆，通电往来可也。"

日本人无奈之下出了阴招，他们在北京为吴佩孚安排了一次记者招待会，并提前自拟了"吴氏对时局的意见"并将打印稿给各国记者，内容十分不堪。吴佩孚发现不对，立刻推翻该文，现场提出："中日和平，唯有三个先决条件：一、日本无条件自华北撤兵；二、"中华民国"应保持领土和主权之完整；三、日本应以国民政府为全面议和交涉对手。"

恼怒的日本人终于绝望了，他们意识到，吴佩孚是不会屈服了，于是便借替他医病之机杀害了他。吴佩孚之死，在北平引起轰动，他出殡的那一天，北京万人空巷，从东口大街一直到神路街口，密密层层，排满了人群，都是自愿为吴佩孚送行的老百姓。

低谷决定高度

1982 年，54 岁的他不顾家人反对，放弃了在韩国稳定的教师工作，来到美国硅谷创业，注册了一家多媒体系统公司。天真的他认为新产品的开发最多只需要 9 到 12 个月的时间，投入最多在 50 万到 100 万美金之间，但事实上，新产品的开发一直到三年之后仍然进展缓慢。

他申请风险投资，但风险投资公司以这样的理由拒绝了他："在硅谷，连猴子（指高级工程师）都有可能从树上掉下来，何况你连猴子都不是。"在他们眼中，年届六旬的他根本没有投资价值，既不是工程师，也不懂高科技，又没有资深的商业经历。谁会相信一个普通的韩国老师能够在硅谷创造奇迹呢？

1985 年，他的财产迅速缩水，所有信用卡都被银行收回，他甚至沦落到没有饭吃的地步，不得不靠拾捡杂货店扔掉的大白菜充饥，恰在此时，妻子向他提出了离婚。一般人遇到这种情况肯定会放弃这个失败的生意，但是他没有，他卖掉了所有东西，孤注一掷进行产品开发。

1987 年，他的公司在破产边缘摇摇欲坠，千钧一发之际，他的新产品终于开发成功。产品推出后他有了喘息之机，而且他也成了一名能够自保的小商人。这时候一般人都会选择小心度日安度晚年，但是，1993 年，65 岁的他再次干出了年轻人才能干的事，他果断改变了商业模式，开始专注于多媒体和图像，这一次他获得了巨大成功，很快，IBM 指定他为正式的商务合作伙伴和硬件供应商。1996 年，他的公司上市，他卖掉了 30% 股份，成为一个身价数千万美元的富翁。这时候，他已经 68 岁了，孤身一人打拼了整整 14 个年头，14 年里，他每天都从早上 7 点一直工作到晚上 11 点，同事都称他为“7–11 先生”。

2010 年，81 岁的他仍然不断尝试挑战。他创立了一家风险投资公司，同时成立了基金会，资助各种学术活动和文化机构。他向旧金山的“亚洲艺术馆”捐赠了 1500 万美元，该馆董事会决定将主题馆以他的名字命名，这也是美国公共建筑第一次出现亚洲人的名字。风烛残年的他也重拾了自己的教学生涯，担任斯坦福大学的顾问教授，他也没有忘记自己的祖国，在韩国高级科技学院建立了“科学家创业中心”。

问他是如何走出低谷的，他引用了《孙子兵法》里的说法：“如果你打 100 次仗，你怎么可能赢 100 次？第一流的人总是不战而屈人之兵。”这句话是他一生的准则。在他几乎想自杀的日子里，周围总是有人帮助他，因而他也希望自己最终会对别人有帮助。

他叫李钟孟，钻石多媒体系统公司董事会主席。今天，他一手创建的钻石多媒体系统已成为美国第一的 PC 图像加速器制造公司，无论是市场份额还是年收入都名列第一，IBM 和苹果这样的 PC 巨头都是他的客户。

经历了低谷再攀到高峰，他这样解释自己的成功：“一个企业家需要随时准备好面对各种各样的对手，需要经历艰苦的斗争，需要勇气和永不放弃的精神，需要坚定不移地在所有障碍赛中取胜，事实上，正是那些困难激励着我不断前行，而正是那些人生低谷决定了我现在所达到的高度。”

甘作“斗犬”的大人物

1825 年 7 月 26 日，托马斯出生在英国一个教师家庭。因为家境贫寒，12 岁时，托马斯离开了学校，但他凭借自己的勤奋，靠自学考进了医学院，并在毕业后进入矿物学院担任了地质学教授一职。

1859 年 11 月 3 日，达尔文的科学著作《物种起源》出版了。这本观点新奇、内容独特的著作一出版，立即在英国掀起轩然大波。有些人兴高采烈，拍手称赞；有些人恼羞成怒，暴跳如雷；更多的人则把它当成奇闻传说，到处宣扬。此时在英国科学界已获得一定声望的托马斯以极大的兴趣，一口气读完了这本书。他认为，尽管书中的某些细节还有待继续研究与探讨，但通篇而论，这部论著有着极宝贵的价值，是一本划时代的杰作，它必将引起一场科学思想的革命。

兴奋的托马斯立刻给达尔文写信，告诉他自己将全力以赴地投入这场捍卫科学思想的大论战中去。他在信中说：“为了自然选择的原理，我准备接受火刑，我正在磨利牙爪，以备来保卫这一高贵的著作。”

很快，托马斯公开并郑重地宣布：“我是达尔文的斗犬。”

1860 年 6 月 30 日，进化论大论战的第一个回合在牛津大学面对面地展开了。以托马斯为首的支持者为一方，大主教威伯福士率领的教会人士和保守学者为另一方，面对威伯福士的恶毒攻击和挑衅责难，托马斯镇定自若，他首先用平静、坚定、通俗易懂的语言，简要地宣传了进化论的内容，然后辛辣尖锐地批驳了大主教的一派胡言，回敬了他的无耻挑衅。威伯福士听得脸色铁青，自知在这场辩论中已败于托马斯，只得灰溜溜地提前退出会场。

但是，战斗远没有结束。在为宣传进化论而进行的几十年的斗争中，托马斯一直站在斗争的最前线，充当了捍卫真理的“斗犬”。

后世的人们如此评价，如果说进化论是达尔文的蛋，那么，孵化它的就是托马斯。

实际上，托马斯的贡献远不止于此，他的一生都在不停地追逐与探索中度过。他的巨著《天演论》奠定了现代生物学的基础，以他名字命名的奖章更是国际人类学的最高学术荣誉奖。

托马斯说，时间最不偏私，给任何人都是二十四小时；时间也是偏私的，给任何人都不是二十四小时，只有充满着欢乐与斗争精神的人们，才能永远带着欢乐欢迎雷霆与阳光。

因为这样的人生信条，时间给予了托马斯多彩的一生，直至他 1895 年逝世。

同一年，一个叫阿道司的男孩在伦敦降生了，与托马斯不同，他从小受到良好的教育，先后毕业于伊顿公学和牛津大学。但命运还是在他十七岁时展现了残酷的一面，一次眼疾几乎让阿道司视力全失，流光溢彩的生活顿时崩塌，就在这时，阿道司从托马斯的日记本上发现了这一句话。

在学习了盲文后，阿道司开始写作，并先后创作了许多脍炙人口的小说，其中最具代表性的作品是《美妙新世界》，这本科幻小说为他赢得了巨大的声誉并获得了文学大奖。在领奖台上，他谈起了那句著名的话：时间最不偏私，给任何人都是二十四小时；时间也是偏私的，给任何人都不是二十四小时，只有充满着欢乐与斗争精神的人们，才能永远带着欢乐欢迎雷霆与阳光。

没错，托马斯正是阿道司的祖父，两人还拥有一个共同的辉煌姓氏——赫胥黎。

注：赫胥黎是英国著名的博物学家，是第一个提出人类起源问题的学者。赫胥黎纪念奖章是英国皇家人类学会为纪念这位人类学家于 1900 年设置的，费孝通是获得这一奖章的第一位中国社会人类学家。

世界上最美的书店

2016 年 1 月的一天，法国巴黎的流浪汉林格尔在饥寒交迫下走进了塞纳河左岸的一家不起眼的书店，他的本意是想找点免费的水喝，却不料刚一进店门，便听到一个美妙的女声在耳边响起：“先生您好，欢迎来到莎士比亚与同伴书店，这里的一切都属于您！”

女服务员的前半句话林格尔早已司空见惯，可最后一句话却让林格尔吃了一惊，难道这家书店是个慈善家开的？竟然说这里所有的一切都属于顾客。

林格尔不好意思地说：“对不起，我只是想来喝点水，当然，如果还能有些免费食物的话，我也希望能要一些，因为，我已经一天没吃饭了。”

令林格尔大吃一惊的是，接下来，他竟然真的在这家书店吃上了美味的食物，而且，服务员还告诉他，如果他愿意，还可以在店中免费住宿，而书店唯一要求他做的，就是要每天读完一本书，并写下读后感。

当林格尔读完一本服务员推荐的书，并且写下整整一页的读后感之后，他竟然泪流满面。他竟然从书中找到了久违的人生乐趣，找到了那个曾经热爱读书对生活充满希望的自己，他决定，要留在这家书店工作与生活。

林格尔并不是这家书店收留的唯一流浪汉，事实上，这家书店已经开了 65 年了，早在二战结束后的 1951 年，这家书店便已经开业了，而且，美国传奇作家欧内斯特 · 海明威和爱尔兰作家詹姆斯 · 乔伊斯等人都曾是这家书店的顾客，他们都曾经受到过书店的恩赐，也曾尽其所能无私地回馈过书店。

林格尔在书店生活了半年之久，由于他努力读书并工作，他学到了安身立命的本事，并找到了一份体面的工作。如今，林格尔虽然离开了书店，但他仍然会定期回到书店，看那些喜爱的书籍，并尽力资助书店。

书店现任老板叫西尔维娅 · 惠特曼，她告诉林格尔，自开业至今，书店已经接待超过了 3 万人，像林格尔这样的流浪汉早已不计其数。书店欢迎来临的所有人，顾客可以在书店里吃饭、留宿，晚上可以睡在书架之间摆放的小床上住宿，书店可以同时留宿 6 个人，而作为交换条件，他们只需要写张一页纸的自我介绍，每天必须读完一本书并留下感想。后来，这些人大部分都在书店获得了自己的新生，在离开书店后过上了自食其力的生活，而且，很多人还走上了作家之路，把自己的人生经历写成了书。每个周一晚上，书店会为已有作品出版的作家免费举办读书会，传播正能量。

如今，“莎士比亚与同伴”书店已成为塞纳河左岸的文化地标，老板惠特曼专门出版了一本书店的传记，讲述它的传奇历史。看过此书的读者无不惊叹，纷纷称赞这样的书店才是“世界上最美的书店”，因为，它真正还原了书籍存在的价值与本质，那就是，无私的爱和给予。

清洗海洋的少年

20 岁的荷兰少年斯奈德拥有一个伟大的梦想：还蔚蓝于海洋，将海洋中无尽的垃圾清洗干净。

这个梦想源于斯奈德 17 岁时的一次海边游历，当时，他发现曾经蔚蓝的海洋已被花花绿绿的垃圾所占据，海风中也夹杂着令人作呕的异味，对于热爱大自然的斯奈德而言，这一幕简直触目惊心。他想，对于这颗蔚蓝色的星球而言，覆盖地球 71% 面积的海洋就是它的标志，可是，日益严重的海洋污染却让美丽的家园渐渐变成垃圾场，这是任何一个地球人都无法容忍的事情。

热爱科学的斯奈德很快便想到一个办法：与其浪费燃料驾驶清理船只追着垃圾跑，不如让垃圾自己跑进收集设备。他想到，由于洋流的循环作用，海面上漂浮的垃圾会聚到某一处，只要在旋转潮汐处装上一个巨大的浮动壁垒，就可以轻易地将废弃塑料垃圾收集起来。

想到办法的斯奈德兴奋异常，但当他把这个想法告诉身边的人时，几乎所有人都不以为然地说：“斯奈德，这是不可能实现的，很早之前就有人提过这种想法了，可你知道海洋有多大吗？你知道海潮的力量有多大吗？这是一件根本没法实行的事情，斯奈德，你还是继续认真学习你的学业吧，这件事情就交给科学家们去做吧。”

失望之余，斯奈德却没有选择放弃。他花了 20 欧元做出最初的模型，虚拟出海洋环境，不断实验不断改进，虽然希望渺茫，但他觉得自己必须坚持去做这件事，因为，这不仅仅是一个梦想，这更是一种责任。

为了将梦想继续下去，斯奈德利用互联网不停地宣传他的思想，希望得到别人的认可与帮助。互联网的力量是巨大的，2013 年 3 月 26 日，斯奈德的网站突然得到了巨大的关注，一夜之间，成千上万的人打开了他的网站，来自全世界各地申请做志愿者的邮件源源不断地涌进他的邮箱，半个月时间他就筹到了 8 万美元，更是有无数人表示愿意加入，帮他完成梦想。

2014 年，斯奈德的海洋清洁项目工作室正式成立。这是一个 100 人的团队，其中有 70 人是工程师和科学工作者。他们动手做实验，研究水质，研究打捞上来的垃圾，并在 2014 年底在夏威夷的海中做了试验。试验表明，用斯奈德的方法收集海面垃圾，预计用十年时间就可以清理太平洋垃圾带一半左右的塑料垃圾，而清理每公斤垃圾的成本是 4.5 欧元，仅为现有清理海洋漂浮物垃圾成本的 3%。

斯奈德的计划是在 2016 年将巨大的浮动壁垒布置在太平洋和

大西洋几处旋转潮汐的地方，让废弃塑料自动地流入这个结构中。他还计划将收集的海洋垃圾进行分类再利用，将它们转化成石油以及其他的产品。

少年的梦想正在一步步实现，从最初外界的不以为然到如今的交口称赞，斯奈德显露出了与年纪不符的成熟，他说：“从我开始这个计划时，非议的声音便不绝于耳。我可以跟大多数人一样选择放弃，也可以试着去寻找解决方案，而我选择了后者，并一直继续了下去，仅此而已。”